Guia do trabalho científico:
do projeto à redação final
monografia, dissertação e tese

Conselho Acadêmico
Ataliba Teixeira de Castilho
Carlos Eduardo Lins da Silva
Carlos Fico
Jaime Cordeiro
José Luiz Fiorin
Tania Regina de Luca

Proibida a reprodução total ou parcial em qualquer mídia
sem a autorização escrita da editora.
Os infratores estão sujeitos às penas da lei.

A Editora não é responsável pelo conteúdo deste livro.
O Autor conhece os fatos narrados, pelos quais é responsável,
assim como se responsabiliza pelos juízos emitidos.

Consulte nosso catálogo completo e últimos lançamentos em **www.editoracontexto.com.br**.

Guia do trabalho científico:
do projeto à redação final
monografia, dissertação e tese

Celso Ferrarezi Junior

Copyright © 2011 do Autor

Todos os direitos desta edição reservados à
Editora Contexto (Editora Pinsky Ltda.)

Montagem de capa e diagramação
Gustavo S. Vilas Boas

Coordenação de texto
Carla Bassanezi Pinsky

Preparação de textos
Lilian Aquino

Revisão
Renata Truyts

Dados Internacionais de Catalogação na Publicação (CIP)
(Câmara Brasileira do Livro, SP, Brasil)

Ferrarezi Junior, Celso
Guia do trabalho científico : do projeto à redação final :
monografia, dissertação e tese / Celso Ferrarezi Junior. –
1.ed., 7ª reimpressão. – São Paulo : Contexto, 2024.

Bibliografia
ISBN 978-85-7244-631-0

1. Metodologia 2. Métodos de estudo 3. Pesquisa
4. Trabalhos científicos 5. Trabalhos científicos – Normas
6. Trabalhos científicos – Redação I. Título.

11-01062 CDD-808.066

Índice para catálogo sistemático:
1. Trabalhos científicos : Formatação e normalização :
   Redação 808.066

2024

EDITORA CONTEXTO
Diretor editorial: *Jaime Pinsky*

Rua Dr. José Elias, 520 – Alto da Lapa
05083-030 – São Paulo – SP
PABX: (11) 3832 5838
contato@editoracontexto.com.br
www.editoracontexto.com.br

Sumário

Apresentação 9

Entendendo a organização do sistema acadêmico brasileiro 13

A elaboração do projeto 23

   A metodologia científica e o projeto científico 25

   Elementos do projeto científico 30

      Constituintes de cada parte do projeto científico 34

      Amadurecendo um tema de pesquisa 36

   Exemplificação dos elementos do projeto científico 38

      Capa e folha de rosto 38

      Folha de identificação 41

      Apresentação 43

      Justificativa 48

      Objetivos 51

      Referencial teórico 55

      Metodologia 65

      Cronograma 71

      Custeio 72

      Referências 74

   Redação do projeto 75

   Notas 75

Metodologia para formatação de monografias,
dissertações e teses 79
Configuração da página e da escrita 79
  Tamanho do papel 80
  Área de aproveitamento do papel 81
    Tabulação padrão 81
    Tabulação da citação 82
    Tabulação da nota de rodapé 83
    Tabulação da capa 83
    Tabulação da folha de rosto 83
    Tabulação da ficha catalográfica 84
    Tabulação de sumário e índices 84
    Tabulação de agradecimentos e dedicatória 85
    Tabulação do resumo (*abstract, résumé* etc.) 86
    Tabulação da página de avaliação 86
    Tabulação da tabela de abreviaturas 87
    Tabulação da numeração das páginas 87
    Tabulação de tabelas, figuras e gráficos 87
    Tabulação das referências e da bibliografia 89
  Fontes 90
    Tamanhos das fontes 91
    Estilo da fonte padrão 92
  Estilos das fontes na capa e na folha de rosto 93
    Estilo da fonte padrão nos títulos 93
    Estilo da fonte padrão nas citações 95
    Estilo da fonte padrão nas notas de rodapé 96
    Estilos das fontes nos agradecimentos e
    na dedicatória 96
    Estilo da fonte padrão no resumo
    (*abstract, résumé* etc.) 96
    Estilo da fonte padrão na página de avaliação 96
    Estilo da fonte padrão na tabela de abreviaturas 97
    Estilo da fonte padrão na numeração das páginas 97
    Estilo da fonte padrão para referências e bibliografia 98

Elementos constituintes e ordem das seções 98
    Ordem das seções 98
    Elementos da capa 100
    Elementos da lombada 102
    Elementos da folha de rosto 102
    Elementos da errata 104
    Elementos da ficha catalográfica 104
    Elementos da página de avaliação 105
    Elementos da folha de agradecimentos 107
    Elementos da folha de dedicatória 107
    Epígrafe 107
    Elementos do resumo (*abstract*, *résumé* etc.) 108
    Elementos da lista de ilustrações e da lista de tabelas 111
    Elementos da lista de abreviaturas e siglas 112
    Lista de símbolos 113
    Elementos do sumário 114
    Elementos da introdução, dos capítulos, da conclusão 115
    Elementos das referências e da bibliografia 117
    Glossário 119
    Apêndice 120
    Anexo 120
    Índice 121
Apresentação gráfica dos elementos textuais,
    pré e pós-textuais 123
Notas 126

Normas para referências e citações 127
Referência padrão de livro 128
    Tese, dissertação, monografia no todo 132
Referência padrão de artigo publicado em livro
    ou periódico e capítulo de livro 133
Referência padrão de periódico 134
Referência padrão em nota de rodapé 135

    Referência de material da internet..135
    Referência de mapa...137
    Referência de vhs ou dvd..138
    Referência da Bíblia Sagrada..138
    Referência de cd-rom 139
    Referência de programa para computador..139
    Referência de entrevista...139
    Referência de fotografia..140
    Citação padrão para texto...140
    Referência e citação em nota de rodapé...142
    Nota..144

Normas para apresentação de artigos científicos............................ 145

Como organizar o conteúdo de seu tcc,
dissertação ou tese 149

Bibliografia.. 155

O autor.. 157

Apresentação

O ensino superior de graduação já foi privilégio de poucos no Brasil. A pós-graduação, então, nem se fala: apenas alguns chegavam lá. Entretanto, o processo de democratização do ensino superior no país ocorrido nos últimos anos levou milhares de pessoas a esses níveis de estudo. Programas de Educação a Distância também multiplicaram cursos e habilitações.

Como forma de comprovar as competências adquiridas pelos alunos ao longo da jornada acadêmica, todos esses cursos exigem a elaboração de um trabalho final. Na graduação e na pós-graduação em nível de especialização (*lato sensu*), esse trabalho é comumente chamado de TCC (Trabalho de Conclusão de Curso). O TCC pode ser uma monografia ou um artigo científico, conforme a proposta de cada instituição. Em cursos de mestrado, o trabalho final adquire a forma de uma *dissertação de mestrado* e, nos cursos de doutoramento, deve ser uma *tese doutoral*. Cada um desses trabalhos finais tem características, formato e dimensão específicos.

Infelizmente, muitos alunos não recebem em seus cursos todas as informações necessárias para a elaboração desses trabalhos complexos. São obrigados a pesquisá-las por conta própria e, diante das dificuldades, muitos se veem perdidos e desmotivados. Alunos que teriam plena condição de fazer seu TCC, dissertação ou tese e apresentá-lo orgulhosamente à instituição, acabam sucumbindo no meio do processo por falta de orientação. Uma minoria chega a optar por caminhos escusos e altamente reprováveis, como pagar por ajuda externa, plagiar textos existentes ou mesmo comprar o trabalho pronto de escritórios ilegais especializados em vendas de trabalhos acadêmicos, diretamente ou pela internet.

Este livro, escrito com base nas experiências em orientações de graduação e pós-graduação que tive, vem em socorro dos alunos com dificuldades para organizar e redigir seus trabalhos. No formato passo a passo, traz todas as informações necessárias para a elaboração de trabalhos finais de boa qualidade, sejam eles artigos, monografias, dissertações ou teses. Nada de dicas e macetes para cortar caminho! Mas, sim, instruções claras sobre a melhor maneira de elaborar e apresentar um texto acadêmico, desde o projeto inicial até a redação final no formato esperado pela instituição. Essas instruções vêm ilustradas com exemplos retirados de trabalhos reais, elaborados nas mais diversas áreas de pesquisa, apresentados e aprovados em boas instituições brasileiras.

É claro que o livro não traz minúcias sobre as orientações de procedimentos particulares de cada área de pesquisa, pois elas devem, obrigatoriamente, fazer parte do programa acadêmico e podem ser obtidas nos cursos específicos sobre os métodos e as técnicas das disciplinas. O importante é que aqui estão acessíveis os procedimentos comuns de elaboração e apresentação de textos acadêmicos, do projeto ao trabalho final. Esta obra não adota as regras prescritas para um trabalho científico, pois o formato "livro" atende a outros critérios, diferentes dos da produção acadêmica normatizada.

Tenho certeza de que se trata de um material de referência, essencial para todos os alunos de programas nível superior. Por isso mesmo, sinto-me feliz por apresentá-lo a você. Bom proveito e um ótimo trabalho!

*

A figura do cientista maluco, descabelado e sujo, que salva o mundo sozinho, usando tubos de ensaio velhos em seu laboratório secreto localizado em algum porão faz parte do imaginário de muitos estudantes. Essa imagem, que é alimentada em filmes e outras obras de ficção, decididamente não corresponde à realidade do fazer científico.

O verdadeiro fazer científico é coletivo, é obra que se toca a várias mãos, com confluência de esforços e conjunção de inteligências. Este livro é uma prova disso. Foi graças à participação das pessoas relacionadas a seguir que consegui reunir um conjunto extremamente significativo de exemplos de textos de projetos e de trabalhos científicos de diversas áreas do conhecimento humano. São textos reais de pessoas reais, que fazem ciência de verdade em um mundo que não sobrevive de fantasiosos laboratórios de porão. A todas elas, a minha mais sincera gratidão:

Alexandre Coutinho
Anderson Salvaterra Magalhães
Angelina Pontes da Costa
Auxiliadora dos Santos Pinto
Beth Brait
Betina S. B. Bassanezi
Carla Bassanezi Pinsky
Célia Correia Malvas
Claudionor Almir Soares Damasceno
Edilene da Silva Nascimento
Ene Glória da Silveira
Érica Nering
Francisco Ferraz Laranjeira
Fabíola Ferreira Ocampo
Heliton Roberto Iturri Alencar
Ilana Pinsky Streinger
Iracema Rodrigues Ribeiro
Jaime Pinsky
Joice Melo Vieira
José Geraldo Costa Grillo
José Otávio Valiante
Lourdes M. G. C. Feitosa
Luciana Pinsky
Marcelo Monaco
Maria Marlene Alves Braúna
Maria Sílvia C. B. Bassanezi
Mateus Yuri Ribeiro da Silva Passos
Neiliany da Cruz Assunção
Paulo Nunes Dantas
Pedro Paulo Funari
Renata Senna Garraffoni
Renato Beozzo Bassanezi
Robergineia Áurea de Farias Morais
Rosa Antônia Dutra
Rosemeire Ferrarezi Valiante
Silvane Fandinho Campos

É uma grande honra para mim compartilhar com esse grupo de profissionais e com os editores, os professores Jaime e Carla Pinsky, parte dos créditos do trabalho de elaboração de um livro de referência para um grupo significativo de estudantes de graduação e pós-graduação que buscam uma orientação acessível e segura para o desenvolvimento de seus trabalhos científicos. Sou muito grato também à equipe da Editora Contexto, que, de forma muito especial e ativa, participou na construção desta obra, dando a ela um caráter inovador e imprimindo sua marca característica de qualidade e respeito ao leitor.

*

Embora muitos duvidem, cientistas são humanos. Assim como estudantes que estão começando sua carreira, cientistas também se decepcionam, pensam em desistir e procuram ajuda no coração, além de buscá-la na razão. O fazer científico também é influenciado pela subjetividade do autor; traços de caráter, concepções morais e éticas, perseverança e disciplina pessoal interferem de maneira inescapável nos resultados do trabalho. Por isso, creio que cabem aqui mais dois agradecimentos muito especiais. O primeiro, à minha mãe biológica, Yvone Ferrarezi, que me ensinou a me libertar da forma. O segundo, à minha mãe adotiva, Iara Maria Teles, que me (re)ensinou a importância da forma. No encontro das duas lições, achei o equilíbrio.

Entendendo a organização do sistema acadêmico brasileiro

Não é todo estudante que entende bem a organização do sistema educacional brasileiro e seus níveis de ensino. Nem todos sabem, por exemplo, a diferença entre uma pós-graduação *stricto sensu* e uma pós-graduação *lato sensu*. Este capítulo introdutório serve para você se situar no sistema e ter uma clareza maior a respeito das exigências de cada tipo de trabalho de conclusão exigido.

Comecemos pelos níveis educacionais esquematizados no quadro a seguir:

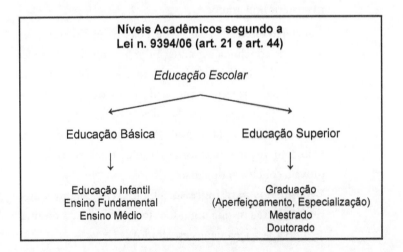

Agora, vamos conhecer mais detalhadamente cada um desses níveis.

- **Educação Infantil** (art. 30) – Compreende o trabalho efetuado em creches e pré-escolas com crianças antes da idade escolar padrão (seis anos).
- **Ensino Fundamental** (art. 32) – Desenvolvido nas escolas durante nove anos, após a educação infantil e antes do ensino médio.
- **Ensino Médio** (art. 35) – Ocorre após o ensino fundamental e tem duração mínima de três anos. Pode ser profissionalizante ou propedêutico, isto é, com a única finalidade de preparar para concursos vestibulares.
- **Graduação** – Primeira etapa do ensino superior. A duração depende de cada curso escolhido, das normas institucionais e das regras dos conselhos reguladores das profissões (quando há). Confere grau e diploma que pode ser de bacharel (formação técnica), licenciado (formação pedagógica que permite ao graduado exercer o magistério) ou ambos.
- **Aperfeiçoamento** – Curso de pós-graduação (ou seja, depois de concluída a graduação) *lato sensu* com duração mínima de 180 horas, visando ao aperfeiçoamento em determinado aspecto pontual da formação profissional do estudante. *Lato sensu* significa "geral", "amplo". Em outras palavras, trata-se ainda de uma formação de base. Não confere grau, mas fornece um certificado que comprova a conclusão do curso.

    * **Requisitos para ingresso** – Graduação (algumas instituições exigem que a graduação tenha sido na mesma área do aperfeiçoamento escolhido).

- **Especialização** – Curso de pós-graduação *lato sensu* com duração mínima de 360 horas, visando ao aprofundamento da formação conferida na graduação, com ênfase na iniciação à pesquisa científica formal e no amadurecimento intelectual. Não confere grau e é comprovado por certificado.
    * **Requisitos para ingresso** – Graduação (algumas instituições exigem que a graduação tenha sido na mesma área da especialização).
- **Mestrado** – Primeira etapa da pós-graduação *stricto sensu*, varia em duração de acordo com as exigências institucionais (no geral, de um ano e meio a três anos, podendo chegar a quatro ou cinco anos, conforme as especificidades de cada área). *Stricto sensu* significa "específico", "pontual", "restrito". Trata-se, portanto, de uma formação mais aprofundada e relacionada a um objeto de estudo bem definido. Assim, o mestrado visa à formação científica do graduado, que deve demonstrar um domínio mais complexo no campo da pesquisa, na área e no tema escolhidos. O mestrando deve ser aprovado em disciplinas formais, apresentar um trabalho por escrito – a *dissertação de mestrado* – e defendê-lo publicamente diante de uma banca examinadora composta por três profissionais qualificados. O resultado final precisa ser relevante e comprovar amadurecimento intelectual e conhecimentos relativos à bibliografia concernente. Confere grau e diploma de mestre.
    * **Requisitos para ingresso** (em geral):
    a) Graduação (a maioria das instituições, hoje, exige que a graduação tenha sido na mesma área ou *área afim* à do mestrado);

b) Apresentação de projeto de pesquisa ou monografia (a maioria das instituições tem preferido o projeto de pesquisa);
c) Apresentação de currículo pessoal completo e comprovado;
d) Aprovação em prova de conhecimento específico da área do mestrado (que ocorre em uma ou duas fases, dependendo da instituição);
e) Aprovação em prova de língua estrangeira (a maioria das instituições exige o inglês, mas há as que aceitem francês, alemão ou espanhol);
f) Aceitação de um orientador (consiste em ter a anuência de algum dos professores efetivos do programa para seu projeto de pesquisa).

- **Doutorado** – Segunda etapa da pós-graduação *stricto sensu*; constitui-se no último grau acadêmico que pode ser alcançado no sistema. A duração média de um doutorado atualmente varia entre dois e quatro anos (podendo, entretanto, chegar a oito anos em algumas instituições). Visa à execução de pesquisa científica inédita, original e relevante para o progresso científico, proporcionando um grau elevado de formação científica e relativa independência intelectual do doutorando. Exige grande domínio do conhecimento específico, da bibliografia concernente e dos procedimentos de pesquisa acadêmica, que deve ser demonstrado pela aprovação em disciplinas formais e pela escritura e defesa pública de uma *tese doutoral* avaliada por uma banca examinadora composta por cinco membros altamente qualificados. Confere grau e diploma de doutor.

* **Requisitos para ingresso no doutorado** (em geral):
  a) Graduação ou mestrado, dependendo da instituição (a maioria das instituições, hoje, exige que seja na mesma área ou *área afim* à do doutorado);
  b) Apresentação de projeto de pesquisa inédito e original;
  c) Apresentação de currículo pessoal completo e comprovado;
  d) Aprovação em prova de conhecimento específico da área do doutorado (que ocorre em uma ou duas fases, dependendo da instituição);
  e) Aprovação em prova de duas línguas estrangeiras (a maioria das instituições exige o inglês associado a francês ou alemão ou espanhol ou italiano);
  f) Aceitação de um orientador (consiste em ter a anuência de algum dos professores efetivos do programa para seu projeto de pesquisa).

Como você pôde perceber, cada nível do ensino superior tem sua especificidade, e quanto mais avançada a formação do aluno, maiores as exigências em relação ao trabalho final que ele deve apresentar.

O sistema brasileiro de ensino superior segue os moldes do sistema europeu e difere em alguns pontos do que é adotado nos Estados Unidos. Para não haver dúvidas, comecemos com um quadro comparativo que mostra a diferença entre a formação pautada pelo sistema norte-americano e a pautada pelo sistema europeu:

Quadro comparativo entre os sistemas de ensino superior norte-americano e europeu	
Sistema norte-americano	Sistema europeu (adotado no Brasil)
Graduação	Graduação
Aperfeiçoamento (Cursos do tipo MBA)	Especialização ou Aperfeiçoamento
Mestrado (*Master Science* – MS)	Mestrado
PhD (*Philosophus Doctorum*)	Doutorado

Vejamos, agora, respostas objetivas para algumas das perguntas que normalmente são feitas pelos universitários.

O que é uma *área afim* e quem define isso?

Áreas afins são áreas de conhecimento consideradas próximas, diretamente relacionadas entre si. Essa relação de proximidade é importante nos estudos acadêmicos, pois define, por exemplo, a possibilidade legal de transferência de um curso de graduação para outro sem a necessidade de novo vestibular, ou a possibilidade de cursar uma pós-graduação *stricto sensu*. No Brasil, a Capes (Fundação Coordenação de Aperfeiçoamento de Pessoal de Nível Superior), instituição ligada ao Ministério da Educação, publica a Tabela de Áreas de Conhecimento em que podem ser consultadas as *grandes áreas* e as *áreas afins* (ela pode ser acessada diretamente no site da Capes: www.capes.gov.br).

O *PhD* é um grau mais avançado que o *doutorado*?

Não. O PhD é o equivalente do doutorado, só que oferecido no sistema norte-americano. Aliás, com o atual relaxamento dos critérios de aprovação de PhDs por algumas instituições dos Estados Unidos, certas universidades europeias têm se recusado a convalidar determinados títulos de PhD como doutorado, optando por fazer a convalidação desses títulos como se fossem de mestrado.

O que é *pós-doutorado*?

Pós-doutorado não é um curso, mas um estágio de atualização para doutores que se caracteriza pela execução de um projeto de pesquisa em um período que varia normalmente de três meses a um ano, podendo chegar a dois anos em casos excepcionais. Não há disciplinas, provas ou qualquer outra exigência formal além da aceitação, por uma instituição hospedeira, de um projeto de pesquisa relevante, que é apresentado à instância dessa instituição à qual se deseja ficar vinculado durante o período de pós-doutorado e da qual se pretende utilizar a estrutura instalada e os recursos existentes. Normalmente, os projetos de pós-doutorado são apresentados a departamentos acadêmicos ou coordenações de centros de pesquisa e tramitam dentro da instituição hospedeira de acordo com as normas internas. É necessário que o projeto seja supervisionado por um profissional qualificado da própria instituição, que atue, nesse caso, como *anfitrião* do pós-doutorando ou seu *supervisor*. Muitas instituições exigem que o pós-doutorando ajude o departamento ou centro que o recebe com publicações, orientações ou com trabalho de docência. O pós-doutoramento não confere um novo grau ou diploma. O último grau acadêmico que se pode alcançar, como dito anteriormente, é o de doutor.

O que são *livre-docente* e *professor titular*?

São níveis funcionais das carreiras profissionais dos docentes de ensino superior das universidades públicas brasileiras. Nas universidades estaduais de São Paulo, por exemplo, há livre-docência e titularidade. Nas universidades federais, há somente a titularidade. Para alcançar esses níveis de carreira existem concursos públicos de provas e títulos específicos. Nas universidades privadas, a carreira difere bastante, caso a caso.

O que é *defesa direta de tese*?

É um dispositivo instituído no Brasil a partir de 2001 (art. 5º da Resolução n. 01/2001/CNE/CES) que permite a um candidato tornar-se doutor diretamente pela defesa de uma tese que ele escreveu sem auxílio da instituição. Faz-se um pedido à instituição com a apresentação da tese já escrita. Se o pedido for aceito, o aluno vai para defesa pública da tese. Se for aprovado, recebe o grau e o diploma de doutor sem ter que cursar os créditos e cumprir os demais requisitos do programa. O dispositivo só vale para as universidades que já o adotaram e regulamentaram.

Quais são as melhores universidades para cursar mestrado e doutorado no Brasil?

As avaliações da Capes procuram deixar claro aos interessados quais são as melhores universidades para cursar mestrado e doutorado no Brasil. Dependendo do curso desejado, é possível que alguma universidade considerada pequena ou pouco conhecida apresente boa qualidade. Além disso, as avaliações são periódicas, com resultados trienais, e, por isso, os padrões de qualidade de um curso podem mudar de tempos em tempos, melhorando ou piorando. Assim, a melhor forma de conhecer os cursos de pós-graduação é conferir como foram suas últimas avaliações – informação disponível no site da Capes (www.capes.gov.br).

Como saber se o diploma da universidade que escolhi é válido?
Os cursos de mestrado e doutorado precisam ser autorizados pela Capes. Essa autorização não é permanente e pode ser cancelada, caso o curso seja considerado ruim durante a avaliação dos programas existentes. A única forma segura de saber se o curso está valendo é consultando o site da Capes (www.capes.gov.br).

O que é *dependência em língua estrangeira* no mestrado ou no doutorado?
É a condição em que fica um aluno que foi aceito no programa de mestrado ou doutorado quando não consegue uma boa nota na prova de língua estrangeira. O programa dá um novo prazo (geralmente, seis meses) para que o aluno tente novamente e comprove suficiência na língua exigida. Caso seja reprovado, não poderá concluir o curso, mas seus créditos cursados com êxito não são invalidados.

Quanto custa cursar especialização, mestrado e doutorado no Brasil?
Em uma universidade pública, não custa nada, embora algumas cobrem taxas mínimas de matrícula e expedição de diploma. Algumas delas oferecem cursos de pós-graduação por meio de suas fundações de apoio. Nesse caso, há custos semelhantes aos cursos de instituições privadas. Nas faculdades e universidades privadas, as mensalidades variam dependendo do curso e da instituição e não costumam ser baixas. É bom informar-se também a respeito dos custos e das disponibilidades de uso de materiais da instituição escolhida e de seus locais de pesquisa. Investigue com antecedência como é o acesso a livros, instrumentos, computadores, laboratórios, arquivos etc.

Os mestrados e doutorados do exterior, por exemplo, dos Estados Unidos ou da Europa, são melhores que os do Brasil?

Não necessariamente. Muitas vezes, é o contrário e encontram-se muitos alunos estrangeiros, inclusive de países desenvolvidos, cursando mestrado e doutorado em nossas universidades. O que fundamenta ideia errônea sobre a qualidade inferior de nossos cursos em comparação aos de fora é que, em um país de tradição colonial como o Brasil, o que é "estrangeiro" é comumente mais valorizado, embora nem sempre seja melhor. Há casos, porém, em que uma universidade de outro país detém tecnologias exclusivas, arquivos específicos ou professores altamente especializados em determinado assunto que interessa ao aluno ou pesquisador – aí, sim, tal universidade será a mais apropriada para a realização do mestrado ou doutorado. Não podemos esquecer, ainda, a possibilidade de intercâmbios acadêmicos de acordo com as disponibilidades e interesses dos candidatos e das instituições envolvidas. Em muitos casos, vale a pena pesquisar esse assunto.

Espero que, com este capítulo introdutório, você tenha se localizado no sistema brasileiro de ensino superior, sabendo exatamente onde está, conhecendo as exigências para seu nível de estudo e, portanto, as preocupações que deve ter em relação a seu trabalho final. Passemos, então, a tratar de seu projeto de pesquisa científica, aquele que deverá nortear a execução do trabalho e a elaboração do documento final.

A elaboração do projeto

Provavelmente, a maior limitação das pessoas em relação à elaboração de projetos científicos está na dificuldade de "pensar cientificamente".

"Pensar" é um ato inerente ao ser humano. É famosa a frase do filósofo René Descartes: "Penso, logo existo". Mas há diferentes formas de pensar, de cogitar as coisas e compreendê-las.

O chamado *pensamento científico* é uma forma particular de procurar compreender o mundo que difere, por exemplo, do pensamento religioso, místico, ou do senso comum, popular. Por vezes, o senso comum chega a ser o oposto do pensamento científico e, para não ficar na "lógica de botequim", superficial e leviana, é fundamental que haja uma preparação daqueles que pretendem escrever um trabalho cujo objetivo é ser científico. Ele exige um treino específico que permite ao estudioso direcionar de maneira profunda e crítica sua investigação e adotar uma postura racional diante do objeto de estudo.

Mas isso nem sempre é muito fácil de compreender. Portanto, para levar você, leitor, especialmente se não tem muita vivência em Ciência, a entender o que é e como se dá a forma geral do pensamento científico, vou propor aqui uma aproximação entre o pensamento científico e certas práticas cotidianas. Como há momentos na vida em que mesmo a pessoa mais simples se aproxima, na forma de pensar, da maneira científica de fazê-lo, podemos aproveitar isso para facilitar a compreensão do que seja o pensamento científico.

Os procedimentos científicos são, na sua essência, uma forma mais organizada de "fazer" que as formas comumente adotadas no dia a dia. Essa *forma organizada* responde às necessidades de *monitoramento* e de *reprodução* das ações em Ciência, o que não é muito diferente, por exemplo, de um pai de família que tem um caderno de controle de despesas (o que as Ciências Contábeis fazem com rigor científico) ou de um cozinheiro que tem um livro de receitas que segue criteriosamente (o que, em muitos aspectos, se aproxima do trabalho de um químico em seu laboratório). Podemos ver traços do pensamento científico dos historiadores em uma pessoa que, preocupada com suas origens, organiza e analisa documentos e fotografias de família ou busca informações acerca de seus antepassados nos mais variados tipos de arquivo.

Em relação ao projeto científico, especificamente, podemos dizer que ele é a "receita a seguir", o "manual" do trabalho que será realizado, o planejamento diante de uma necessidade de "fazer". E como só se justifica planejar diante de uma necessidade de "fazer", o "fazer" é o eixo central que dirige a elaboração e a execução de um projeto científico.

Quando percebemos as relações de causa e efeito que decorrem dessa necessidade de "fazer", quer no cotidiano quer na Ciência, observamos que a elaboração do projeto científico segue os mesmos princípios da elaboração da maioria dos outros planejamentos de nossas atividades corriqueiras. Há um projeto quando, por exemplo, construímos uma casa, fazemos uma festa de aniversário ou calculamos os gastos mensais para saber se podemos ou não viajar no fim do ano. Nessas ocasiões do cotidiano, somos forçados a parar, *pensar racionalmente*, formular *hipóteses* e *organizar* os fazeres envolvidos, *tomar notas*, dar baixa nas coisas já adquiridas ou realizadas, calcular e recalcular os procedimentos, ou seja, *avaliar*, e, finalmente, chegar a uma *conclusão*. Nessas ocasiões, se formos mesmo racionais e rigorosos, estaremos nos aproximando da forma científica de pensar e agir.

Na vida cotidiana, porém, cada um se organiza, anota, sistematiza e executa as tarefas da sua própria maneira. Em Ciência, sabe-se que a adoção de formas padronizadas de fazer as coisas, em cada área e tipo de estudo, é mais eficiente. Essa eficiência das formas adotadas em Ciência foi conquistada arduamente pelos cientistas após grande número de estudos que resultaram em larga experiência acumulada em que as maneiras de "fazer" foram testadas, podem ser repetidas e comprovadas por outros pesquisadores.

Do mesmo modo, adota-se em Ciência não apenas uma forma padronizada de fazer, mas também uma forma padronizada de planejar: o *projeto científico*. Isso permite, em certa medida, a avaliação antecipada daquilo que se planeja e dos resultados que podem ser alcançados.

É hora, então, de entender como é fácil elaborar um projeto científico quando compreendemos o que estamos fazendo realmente. Vamos ver?

A metodologia científica e o projeto científico

Infelizmente, quando falamos de *metodologia científica*, boa parte das pessoas que passaram por uma universidade pensa apenas em levantar as *referências bibliográficas* e fazer *fichamentos*. Isso é ruim, porque limita muito a concepção de metodologia como algo restrito a procedimentos de registro. Na verdade, a metodologia científica é muito mais abrangente, como se pode ver no esquema a seguir:

Uma visão geral da metodologia científica (MC)

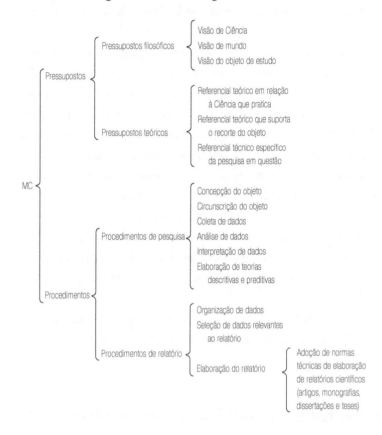

Veja que seu TCC, seja ele um artigo ou uma monografia, sua dissertação ou tese doutoral (o documento em si, na forma do trabalho que você entregará ou defenderá diante de uma banca) está ali no final do quadro, na forma de um relatório analítico da pesquisa que você realizou. Entretanto, todo o restante, aquilo que vem antes de sentar e escrever o trabalho final, é necessário para que você consiga elaborar algo consistente. Tudo isso? Sim, tudo isso.

Embora, à primeira vista, esse esquema possa parecer complexo, na verdade, o seguimos muitas vezes quando, por exemplo, resolvemos realizar algo mais planejado, organizado e sistematizado em nossa vida cotidiana (como construir uma casa ou dar uma festa). Aqui é importante perceber que tudo o que o esquema traz se refere à *necessidade de "fazer"*. Como assim?

Existem alguns elementos obrigatórios em qualquer ato de "fazer". Eles dirigem nossas ações, mesmo as mais simples. Tais elementos podem ser evidenciados, reconhecidos por nós, por meio de respostas a perguntas simples. As questões que normalmente levantamos, mesmo de forma inconsciente, quando deliberamos que vamos fazer algo são:

- Quem vai fazer?
- O que vai fazer?
- Por que vai fazer?
- O que alcançar com esse fazer?
- Com que conhecimento vai fazer?
- Como vai fazer?
- Quando e onde vai fazer?
- Quanto vai custar esse fazer?
- Alguém já fez isso ou algo parecido com isso antes? Existe algum registro disso que pode me ajudar nesse fazer?

Se não formos capazes de responder a essas perguntas básicas antes de fazer algo, mesmo que seja cozinhar uma simples panela de arroz, provavelmente teremos problemas no decorrer desse "fazer". Pensamos nessas questões quase automaticamente, pois percebemos que elas nos levam a buscar informações básicas para a execução do que pretendemos realizar. E, quanto mais complexa nossa empreitada, maior a quantidade de precauções que precisamos tomar em relação a cada pergunta e cada resposta.

Vamos dar como exemplo a resolução de construir uma casa, que é algo não muito fácil. Se decidirmos construir uma casa e, especialmente, se vamos tocar a obra em vez de entregar todo trabalho a uma construtora, precisaremos responder às perguntas listadas. (Se entregarmos a obra a uma construtora, certamente essa construtora deverá responder de antemão às mesmas perguntas.)

- **Quem vai fazer?** Quem será o arquiteto, o engenheiro, os pedreiros, o encanador, o carpinteiro etc.
- **O que vai fazer?** Preciso saber exatamente que casa desejo construir.
- **Por que vai fazer?** Qual a justificativa de construir uma casa agora? Morar, alugar, o que mais? Isso define, em grande parte, como será essa casa.
- **O que alcançar com esse fazer?** O que eu espero obter no final dessa construção? E o que eu quero especificamente com cada ação do processo de construir?
- **Com que conhecimento vai fazer?** Eu já fiz (construí) uma casa antes? Se não construí, alguém já fez isso antes de mim? Será que eu sei comprar materiais e executar a obra? Com base em quais princípios e conhecimentos vou fazer isso? Ou vou precisar contratar alguém para fazer? Afinal de contas, o que eu já sei sobre como construir casas?
- **Como vai fazer?** Que passos objetivos seguir para conseguir uma casa bem construída? Como deverei proceder para fazer uma cotação de preços, licenciar uma obra, construir um alicerce, assentar um tijolo, fazer uma coluna ou um telhado?
- **Quando e onde vai fazer?** Que tempo eu tenho ou me proponho a ter para construir essa casa? Onde será construída?

- **Quanto vai custar esse fazer?** O dinheiro que eu tenho será suficiente para a obra? Terei que conseguir um empréstimo?
- **Alguém já fez isso ou algo parecido com isso antes? Existe algum registro disso que me ajude nesse "fazer"?** Onde posso buscar boas informações sobre como construir uma casa?

Podemos dizer que essa forma cotidiana de pensar, seguindo as questões apresentadas, aproxima-se muito de uma *forma científica* de conceber um projeto de trabalho, porque ela organiza, sistematiza a ação. Na vida cotidiana, quando decidimos realizar alguma coisa, muitas vezes fazemos esses planos apenas "na cabeça". Porém a Ciência, após muitas vivências em seus fazeres, estabeleceu nomes e definiu formas padronizadas para cada etapa do planejamento do trabalho científico. Esses nomes muitas vezes intimidam quem se dispõe a redigir um projeto, mas não deveriam, pois eles decorrem das mesmas perguntas que vimos ser necessárias para planejar qualquer ação. Vejamos:

- Quem vai fazer? – Identificação
- O que vai fazer? – Apresentação do tema e do problema
- Por que vai fazer? – Justificativa
- O que alcançar com esse fazer? – Objetivos
- Com que conhecimento vai fazer? – Referencial teórico
- Como vai fazer? – Metodologia
- Quando e onde vai fazer? – Cronograma e localização das ações
- Quanto vai custar esse fazer? – Custeio
- Alguém já fez isso ou algo parecido com isso antes? Existe algum registro disso que me ajude nesse fazer? – Referências bibliográficas

Como podemos ver, a concepção de um projeto científico segue as mesmas necessidades de raciocínio organizado para fazeres complexos do cotidiano. A maior diferença está na forma como esse planejamento será apresentado, ou seja, de acordo com a padronização estabelecida pela academia. E por que uma forma padronizada de apresentação? Simples: as formas padronizadas facilitam a avaliação do conteúdo. Se todos elaboram projetos com um mesmo formato, sabemos onde encontrar cada informação e temos parâmetros para avaliar a qualidade das informações contidas em cada parte do projeto. Se cada um resolvesse fazer do "seu jeito", seria necessário perder um bom tempo procurando informações no projeto, correndo, inclusive, o risco de não encontrá-las. Além do mais, uma forma padronizada facilita o próprio direcionamento do pensamento na elaboração do projeto, pois já se sabe, de antemão, o que e como deverá ser informado e com qual objetivo. Nesse sentido, a forma padronizada do projeto funciona como uma receita para a elaboração do projeto e facilita muito as coisas.

Vejamos, agora, cada uma das partes que compõem um projeto científico padrão e seus detalhes. Pode haver instituições de nível superior que exijam que o projeto científico seja entregue em um formulário próprio ou que apresentem um ou outro elemento diferente dos que colocamos aqui (pois nos ativemos aos mais comuns). Porém a forma de pensar o projeto sempre será a mesma: organizada, sistematizada, focada no fazer científico que justifica a elaboração da proposta de trabalho.

Elementos do projeto científico

Com base no que vimos até aqui, temos os elementos fundamentais que constituem um projeto científico, pela ordem:

1. identificação;
2. apresentação (do tema e do problema);

3. justificativa;
4. objetivos;
5. referencial teórico;
6. metodologia;
7. cronograma (com localização das ações);
8. custeio;
9. referências bibliográficas.

O conteúdo relativo a cada um desses itens deve ser apresentado no formato padrão para escritos científicos e redigido da forma mais clara e objetiva possível. Isso tudo se chama *projeto científico*.

Além desses itens, para facilitar a leitura do projeto, podemos acrescentar elementos de informação adicional, como uma capa (que permite uma rápida visualização do tema e do autor) e um sumário (que ajuda a encontrar as informações mais rapidamente dentro do projeto). Ficamos, então, com a seguinte "espinha dorsal":

1. capa (e folha de rosto);
2. sumário;
3. identificação;
4. apresentação (do tema e do problema);
5. justificativa;
6. objetivos;
7. referencial teórico;
8. metodologia;
9. cronograma (com localização das ações);
10. custeio;
11. referências bibliográficas.

Como apresentar esses elementos todos? É importante ter em mente que, em um projeto, fornecemos apenas as informações essenciais, de maneira clara e objetiva.

Comecemos pelo *papel* e pela *formatação*:
- Use papel A-4, com margens 3-3/2-2 (isto é: superior e esquerda – com 3 cm da borda; inferior e direita – com 2 cm da borda do papel), fontes simples e facilmente legíveis (por exemplo, do tipo Times New Roman ou Arial, em tamanho 12) e uma formatação interna que facilite ao máximo a leitura (por exemplo, espaçamento 1,5 entre as linhas).
- Use parágrafos.
- Faça a identificação dos títulos e subtítulos com tamanhos diferenciados de fontes e negrito/itálico de acordo com a hierarquia do conteúdo desenvolvido.
- Adote espaçamento entre os elementos do projeto e insira tabelas e gráficos quando necessário para organizar as informações.
- Adote um padrão de referências bibliográficas aceito onde você entregará o projeto. No Brasil, praticamente todas as instituições adotam os padrões da Associação Brasileira de Normas Técnicas (ABNT), mas é sempre bom informar-se a respeito disso, pois há instituições que preferem o "padrão Chicago", em que as datas vêm logo após o nome do autor, como você poderá ver no título específico sobre referências bibliográficas neste livro.

Ao terminar seu projeto, dê uma olhada nele, com olhos frios e críticos, e veja se ele está *fácil de visualizar*, com uma "cara limpa", que permita a qualquer pessoa – mesmo o mais incompetente dos avaliadores – encontrar ali o que procura. Se não estiver assim, não está bom. Refaça.

Agora passemos à *redação do conteúdo*. Um projeto não existe para impressionar o avaliador por sua aparência, existe para que você mostre a ele exatamente o que você quer fazer e como pretende fazê-lo. Ou seja, se algo vai impressionar o avaliador, não é a quantidade de elementos visuais ou os "enfeites" que o papel é capaz de aceitar, e, sim, *o que* você pretende fazer. Além disso, desista da ideia de usar palavras difíceis, termos científicos que você ainda não domina bem, considerações teóricas sem sentido e sem razão, enfim, nem cogite tentar "impressionar mais pela fachada do que pelo conteúdo". Qualquer projeto com aparência de "bem feitinho", mas sem uma boa proposta acadêmica é logo desmascarado e descartado. Os dois grandes trunfos de um bom projeto científico são: 1. *uma boa ideia* e 2. *um texto claro, conciso e objetivo.*

O que significa "claro, conciso e objetivo"?

- *Claro* – significa que o texto é escrito de forma a propiciar fácil compreensão. As frases são curtas, as palavras são as mais simples, os termos técnicos somente são utilizados quando necessários e não há grande profusão de figuras de linguagem.
- *Conciso* – significa que o texto é enxuto, sem nada além do necessário, sem informações soltas e sem motivo para estar ali. Abra mão de qualquer tentativa de dar "aparência de tamanho". Um bom projeto não precisa ser grande, extenso: precisa, sim, é *dizer tudo e apenas aquilo* que deve dizer.
- *Objetivo* – significa que o texto vai diretamente ao assunto, sem rodeios, sem tentativas infantis de fazer parecer que o sujeito que escreveu tem mais conhecimento do que realmente tem. Diga logo o que você precisa dizer e isso basta. Além disso, quanto mais "enrolação" no texto, maiores as chances de cometer equívocos e desqualificar o projeto.

A objetividade deve estar presente inclusive na apresentação das referências bibliográficas. Há um pensamento equivocado, mas infelizmente comum, de que uma grande lista de referências indica necessariamente que o autor do projeto é grandemente qualificado, pois pode levar a crer que "o sujeito leu muito". Entretanto, avaliadores experientes não caem nesse engano. Uma breve leitura das referências por um avaliador realmente especializado na área de estudo, seguida da comparação com o que o projeto apresenta e propõe, permite ver se as obras ali citadas foram mesmo relacionadas por relevância ou apenas para fazer volume e tentar impressionar. Constatar que alguém que se propõe a fazer Ciência já quer começar enganando o avaliador com uma lista enorme de livros que não foram lidos ou que sequer têm relação com o projeto proposto é altamente desabonador. Deve-se pensar nisso seriamente. A melhor atitude em Ciência é sempre ser verdadeiro. Ciência e mentira são incompatíveis. Que constem na lista bibliográfica os livros que realmente foram citados no projeto ou utilizados no processo de sua elaboração. (Essa regra também vale para a apresentação do documento final – artigo, monografia, dissertação ou tese).

Respeitando esses critérios de redação e os critérios de apresentação, as chances de que seu projeto seja mais facilmente compreendido e aceito tornam-se bem maiores.

Agora, vejamos o que compõe cada um dos elementos do projeto.

CONSTITUINTES DE CADA PARTE DO PROJETO CIENTÍFICO

- **Capa e folha de rosto:**
    a) Capa: nome da instituição, nome da unidade e/ou do programa, título do projeto, nome do autor, local e data.
    b) Folha de rosto: nome da instituição, nome da unidade ou do programa, título do projeto, nome do autor, nome do orientador (se houver um já definido), finalidade do projeto, local e data.
- **Sumário:** todos os títulos constantes no projeto, com respectiva numeração (pode ser feito automaticamente nos editores de texto eletrônicos).

- **Identificação:** nome da instituição, da unidade e do programa, nome do orientador/supervisor do projeto (se houver), nome do autor, dados pessoais do autor e dados de contato (o e-mail é um dado muito importante hoje em dia).
- **Apresentação (do tema e do problema):** descrição sucinta do tema do projeto, de forma a deixar absolutamente clara sua natureza e delimitação.
- **Justificativa:** descrição sucinta das razões para a execução da pesquisa, tanto para o autor quanto para a Ciência e a humanidade em geral. (Aqui é o momento de deixar evidente qual a relevância de seu trabalho.)
- **Objetivos:**
   a) Gerais: o que se quer realizar com a execução da pesquisa, de forma ampla.
   b) Específicos: é o desdobramento do objetivo geral em objetivos menores, que se referem às diferentes partes que compõem toda a pesquisa.
- **Referencial teórico:** trata-se de uma apresentação resumida daquilo que o proponente já conhece sobre o tema na produção científica disponível, de forma a localizar a pesquisa em um campo/escola de estudo. O referencial de um projeto é quase sempre preliminar, pois, no decorrer da pesquisa, outras informações podem ser conseguidas e o referencial pode mudar. Porém ele deve ser apresentado no projeto como forma de demonstrar a partir de quais ideias o pesquisador pretende iniciar seu trabalho.
- **Metodologia:** é uma descrição sucinta dos procedimentos que o pesquisador pretende seguir para alcançar os resultados que propôs no objetivo. Ou seja, se vai usar pesquisa bibliográfica, de campo ou ambas, se vai sistematizar dados estatisticamente ou não e como vai fazer isso, se vai usar

tecnologias ou equipamentos, se vai montar banco de dados próprio ou se vai usar bancos já existentes etc.
- **Cronograma (com localização das ações):** é sempre apresentado na forma de uma tabela em que aparecem todos os objetivos específicos e os prazos em que se pretende que eles sejam alcançados. Além dos prazos para alcançar os objetivos específicos, aparecem os prazos de escritura do texto final (o relatório de trabalho, a monografia, a dissertação, a tese, o livro ou o artigo).
- **Custeio:** descrição detalhada de cada despesa necessária para a execução do projeto, bem como a proposição da fonte de financiamento.
- **Referências bibliográficas:**
    a) Referências das citações do projeto: aqui aparecem todas as referências das obras que foram citadas ou tiveram trechos citados ou comentados no corpo do projeto.
    b) Referências preliminares da pesquisa: aqui aparecem todas as demais obras que o autor já leu ou sabe que têm relação direta com o projeto e que, por isso, pretende consultar na sua execução.

Todavia, antes de dar início à elaboração do projeto propriamente dito, é imprescindível *saber exatamente o que se quer fazer*. E, por mais estranho que possa parecer, essa é a parte mais difícil do processo. Por isso, apresentamos a seguir um exercício para amadurecimento de um tema de pesquisa.

AMADURECENDO UM TEMA DE PESQUISA

Para amadurecer um tema de pesquisa, desenvolva as seguintes ações:

1. Identifique um tema que você considera relevante e que seja de seu interesse.
2. Proceda a uma coleção de material de consulta sobre o tema. Busque esse material em:
   a) bibliografia de referência (dicionários, enciclopédias e obras de síntese);
   b) revistas especializadas;
   c) livros especializados;
   d) com especialistas no tema, por meio de entrevistas, por exemplo;
   e) por meio de pesquisa de campo e/ou laboratório;
   f) fontes disponíveis na internet, arquivos etc.
3. Selecione todo o material encontrado, organizando-o e separando aquilo que se mostrar mais importante para desenvolver seu trabalho e, depois, defender seu ponto de vista.
4. Com base no material selecionado, crie rascunhos sobre o tema. Siga corrigindo os parágrafos que tratam de cada ponto específico, tentando deixar absolutamente claras cada uma das suas ideias sobre esse tema e aonde você pretende chegar com seu trabalho. Depois, organize esses parágrafos segundo um *plano de projeto*, que pode começar com um mero esquema para, em seguida, tornar-se um anteprojeto resumido.
5. Submeta esse material a pessoas qualificadas para que possam fazer críticas e sugestões pertinentes. Some essas críticas e sugestões a novas conclusões tiradas da releitura do que você havia colhido como referência. Repense o tema e procure amadurecer suas ideias com relação a ele.
6. Elabore uma nova versão do projeto e submeta-a a novas leituras críticas.

7. Analise atentamente as críticas feitas e posicione-se a respeito. Proceda assim até que perceba que o tema está suficientemente amadurecido a ponto de você poder, enfim, redigir o projeto em sua versão final.

Lembre-se de que *a construção científica é também um ato coletivo*. Cientistas experientes trabalham em equipe, trocam ideias, fazem análises críticas dos trabalhos uns dos outros. Pedir ajuda a outras pessoas no processo de elaboração de seu projeto não é vergonhoso, portanto, mas uma demonstração de maturidade em relação ao processo do fazer científico. (Você pensa que este livro chegou ao seu formato final sem a ajuda de outras pessoas? Se pensa assim, está enganado! Muitas pessoas leram e contribuíram para que esta obra chegasse a este formato, e muita coisa mudou a partir da proposta original. Assim também deverá ocorrer com seu projeto e, posteriormente, com seu TCC, dissertação ou tese.)

Em resumo, uma vez escolhido e amadurecido seu tema, estando ele devidamente delimitado, e tendo sido feita, ainda, a coleção das referências bibliográficas que você utilizará, você está pronto para escrever seu projeto científico.

Exemplificação dos elementos do projeto científico

Aqui você verá exemplos das partes de um projeto científico. Preste atenção nos detalhes e na forma como ele pode ser elaborado. Isso o ajudará a visualizar o seu próprio projeto.

CAPA E FOLHA DE ROSTO

A seguir, veremos um exemplo de capa e um de folha de rosto de um *projeto de TCC*. O modelo é o mesmo para projetos de dissertações e teses.

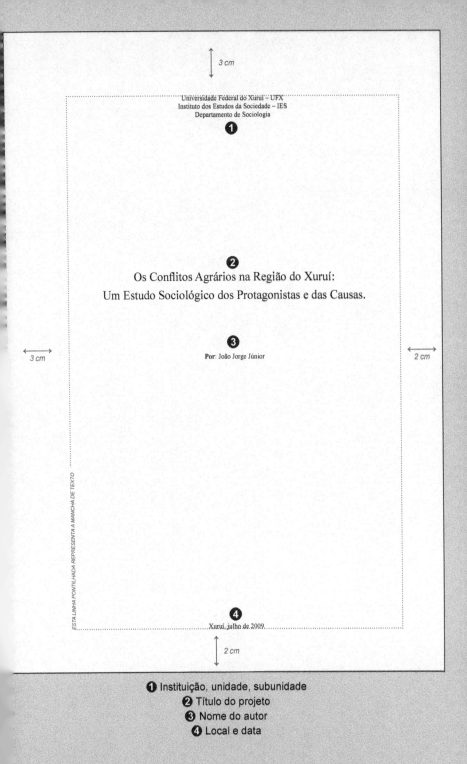

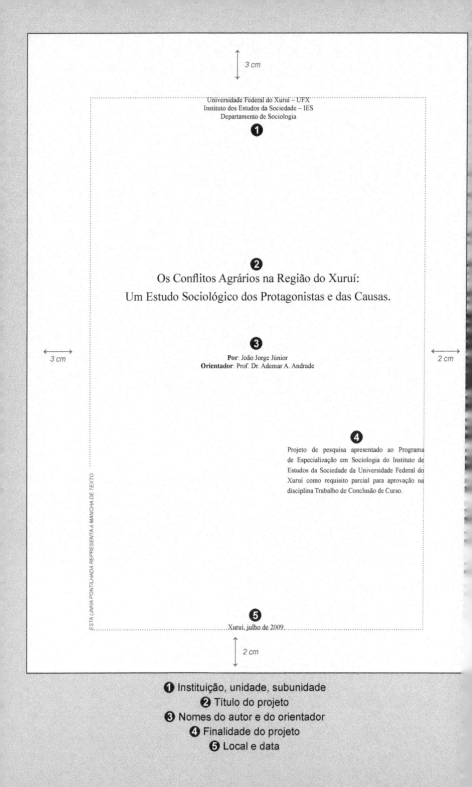

Como podemos notar, a diferença entre a *capa* do projeto e a *folha de rosto* é que nesta aparecem o orientador, caso um já esteja definido, e a finalidade do trabalho, na forma de um texto específico adicionado logo abaixo do nome do orientador. O mesmo acontece no *trabalho final*, seja ele uma monografia, dissertação ou tese, com a diferença de o nome do autor ser colocado no topo da página.

Em artigos científicos não se usa capa nem folha de rosto, mas os projetos de artigos científicos apresentam esses elementos.

FOLHA DE IDENTIFICAÇÃO

Um exemplo de folha de identificação, a terceira a vir no projeto ou trabalho final (veja página seguinte).

Quando for redigir a *sua* folha de identificação, adapte as informações segundo aquilo que você tem para informar e o que o programa e a instituição das quais você faz parte exigem que se coloque nessa página (procure, portanto, saber se precisa acrescentar algo).

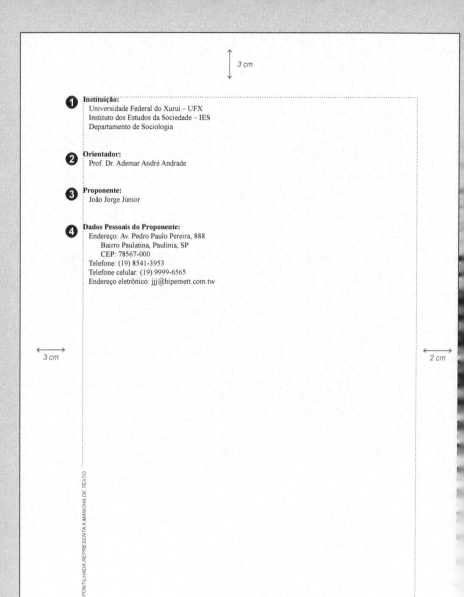

❶ Dados da instituição
❷ Nome do orientador
❸ Nome do autor do projeto
❹ Dados do autor do projeto

APRESENTAÇÃO

A apresentação nada mais é que a definição do tema e do problema. Vejamos um exemplo de apresentação de um projeto de TCC na área de Letras:[1]

> **Apresentação**
>
> Uma das características da humanidade é a capacidade de nomear as coisas que existem no mundo. Normalmente, essa nomeação não é feita de forma arbitrária; envolve aspectos relacionados à cultura, ao conhecimento acumulado por gerações, revelando-se, assim, um marcador identitário de determinada comunidade. A escolha de um nome, por sua vez, afeta as maneiras pelas quais as pessoas concebem o mundo.
>
> Na cidade de Guajará-Mirim, temos registro de que pessoas atribuem nomes de remédios industrializados a plantas medicinais. A nomeação, portanto, ocorre por meio de uma *metáfora funcional*. Segundo Ferrarezi (2008, p. 201), podemos conceituar *metáfora*, de maneira geral, "como a associação de uma característica de um elemento de um paradigma cultural a outro de outro paradigma", em outras palavras, uma comparação entre domínios diferentes. É comum o uso de metáforas para dar nomes a objetos que fazem parte do nosso cotidiano, sendo que, muitas vezes, estes nomes se popularizam e passam de geração para geração. Às metáforas que incorporam referências culturais dá-se o nome de *metáforas funcionais*.
>
> No caso de certas plantas medicinais que ganharam o nome de remédios industrializados, podemos perceber que, em determinado momento, os motivos originais da denominação desta ou daquela planta, embora popularmente consagrada, se perderam no tempo.
>
> Uma reflexão sobre o emprego de expressões metafóricas funcionais – com a que pretendemos fazer nesse trabalho – pode ajudar a identificar as razões linguísticas e culturais que levam uma

> comunidade a registrar os nomes dos remédios industrializados para identificar plantas tidas como medicinais. Além disso, permite a documentação de determinados conhecimentos ligados a esse fenômeno, guardados especialmente por pessoas mais idosas, de modo que estes não sejam apagados da memória cultural local.

Nesse exemplo, ficam claros:

a) O que será estudado (o assunto): o emprego de metáforas para a nomeação de objetos da cultura estudada;
b) Qual o recorte feito para a realização do estudo proposto (a delimitação do tema): uma listagem das plantas medicinais popularmente conhecidas na cidade de Guarajá-Mirim (RO) com nomes de remédios industrializados;
c) Qual é o ponto especial que receberá atenção (o problema da pesquisa): os motivos que explicam essa forma peculiar de dar nomes a essas plantas.

O projeto de TCC apresentado aqui é algo bem simples. Propõe fazer um levantamento de informações conhecidas – nomes dados a determinadas plantas e as justificativas para a nomeação – e organizá-las. Isso é muito adequado a um trabalho de TCC. Atividades mais complexas cabem melhor em um projeto de mestrado ou doutorado. Entretanto, é comum que estudantes empolgados ao final da graduação proponham projetos de pesquisa que vão muito além de sua capacidade de realizá-los, do tempo e dos recursos disponíveis ou mesmo do que é esperado de um TCC. Com isso, acabam perdendo prazos, mergulhando no desânimo e na frustração ou desenvolvendo textos muito superficiais ou até equivocados. Ao propor um tema de trabalho, o estudante deve estar atento às peculiaridades e dimensões de seu nível de formação.

Vejamos agora um exemplo de apresentação de um projeto de mestrado em Ciência, Tecnologia e Sociedade (CTS):[2]

Apresentação

Este projeto propõe uma investigação das produções textuais com temática científica das revistas *Pesquisa Fapesp*, *Ciência Hoje* e *piauí*, e uma comparação destas com as reportagens de ciência das revistas norte-americanas *The New Yorker* e *New Scientist*.

Pretendemos analisar, de modo quantitativo e qualitativo, reportagens de ciência que utilizam técnicas literárias de redação, sob os pontos de vista discursivo e narrativo. Levaremos em conta a teoria dos gêneros do discurso de Bakhtin e a discussão a respeito de "cultura científica" e "comunicação pública da ciência" para estudar a presença da crítica e da descrição de processos da produção de conhecimento científico por meio do jornalismo literário/narrativo. Observaremos também, na leitura desses textos, a sua capacidade de (1) promover a interação entre ciência e outros campos do conhecimento e (2) de possibilitar uma maior compreensão com relação ao caráter social da construção científica.

A dissertação deverá responder ao seguinte problema: *O uso da narratividade na comunicação pública da ciência de revistas brasileiras traz a dimensão social do conhecimento científico, como apresentada pelo campo CTS?* Para isso, serão trabalhadas três hipóteses, que lidam com diferentes aspectos do problema: (1) de alguma forma as reportagens farão uma representação social da atividade científica, pois, em geral, focalizam o processo de produção das pesquisas; (2) haverá diferentes resultados (tanto quantitativos quanto qualitativos) de acordo com o veículo abordado, prevendo que os recursos narrativos poderão ser desde instrumento ilustrativo até parte integral da estrutura dos textos; (3) o uso da narratividade pode reforçar uma visão clássica/mítica de ciência, da mesma forma que, como identificou Shapiro (2005), as reportagens do Novo Jornalismo (movimento expressivo do jornalismo literário norte-americano) reforçavam certos aspectos da cultura dominante, embora se apresentassem como uma manifestação contracultural.

Com essa pesquisa, esperamos trazer diversas contribuições, tanto metodológicas quanto no tocante ao referencial teórico. Será a primeira pesquisa abrangente feita no país sobre reportagens narrativas de ciência, comparando diferentes usos das técnicas de narração e apresentando um recorte temporal de dois anos, enquanto o parco material existente sobre o assunto se debruça apenas sobre textos individuais (TABORDA, 2007).

Buscaremos também respostas para problemas do modelo tradicional (relatorial) do jornalismo que divulga a ciência com foco nos resultados e não no processo de produção do conhecimento (SOUSA, 2005). Complementaremos a pesquisa quantitativa, mais em voga no campo de comunicação e ciência, com a uma avaliação qualitativa de um *corpus* menor. Esperamos, ainda, ao reunir diferentes contribuições teóricas para estudar o objeto, obter uma sinergia entre três campos do conhecimento – Comunicação, Filosofia da Linguagem e Estudos Sociais da Ciência e Tecnologia –, proporcionando uma melhor compreensão dos principais assuntos da pesquisa: técnicas do jornalismo, discurso e representação da ciência.

A seguir, um exemplo de apresentação de um projeto de doutorado em Demografia:[3]

Apresentação

O progressivo declínio da fecundidade no Brasil, ocorrido a partir da década de 1970, é de amplo conhecimento dos demógrafos brasileiros. No entanto, como a estrutura etária de uma população é produto da fecundidade e da mortalidade do passado, de sete ou oito décadas anteriores (CARVALHO, 1993), os altos níveis de fecundidade registrados em décadas anteriores à propagação dos métodos anticoncepcionais difundidos a partir dos anos 60 associados à queda da mortalidade observada no país a partir dos anos 50 explicam a elevada proporção de mulheres em idade fértil no Brasil de finais dos anos 70 e início dos anos 80

(BERCOVICH e VELLÔZO, 1985). Assim, mesmo com o declínio rápido e generalizado da fecundidade, o volume de crianças nascidas nos anos 80 foi muito grande, por conta do número de mulheres tendo filhos naquele período.

Cunhou-se em Demografia o conceito de *descontinuidade etária* para dar conta dessas situações nas quais

> [...] por alterações dos fatores que intervêm na dinâmica demográfica – fecundidade, mortalidade e migrações – a pirâmide etária pode sofrer alargamentos ou estreitamentos na sua base, ou seja, aumento ou diminuição do número de nascimentos. [...] Chamamos de onda o momento de alargamento de uma determinada faixa etária (SEADE, 1998, p. 3).

O Brasil e o estado de São Paulo possuem nesse início de século a maior população jovem de sua história demográfica. Segundo publicação da Fundação Seade (1998) – Sistema Estadual de Análise de Dados de São Paulo – no ano 2000 haveria no Brasil 15,7 milhões de jovens entre 20 e 24 anos, representando 10,5% da população total. Em 2005, espera-se que eles ultrapassem a marca dos 17 milhões, trata-se de uma *onda jovem* (BERCOVICH e MADEIRA, 1992) de proporções gigantescas com demandas crescentes por educação e trabalho e que trava competição acirrada em um mundo onde as oportunidades se tornam restritas.

Para se ter uma noção da importância do tema da juventude no mundo atual, a oferta de mão de obra jovem, por exemplo, não só no Brasil, mas em todo o mundo, nunca teve o seu potencial produtivo e criativo tão desperdiçado. Segundo a Organização Internacional do Trabalho (OIT) o desemprego atingiu, em 2003, 88 milhões de jovens entre 15 e 24 anos, ou seja, do total de desempregados do mundo, 47% deles são jovens de 15 a 24 anos, ainda que esse grupo etário corresponda a apenas 25% da população mundial em idade produtiva. Isso, certamente, tem impacto sobre a conquista de autonomia financeira pelos jovens e a constituição de domicílios independentes de suas famílias de origem.

Se a proporção de jovens nunca foi tão alta, podemos atentar para a necessidade de reflexão sobre dois aspectos essenciais: 1) quais as implicações dessa pressão demográfica no processo de

> transição desses jovens para a vida adulta; 2) dado o contexto geral em que se processa a transição para a vida adulta nesse início de século, quais relações podem ser estabelecidas entre esse cenário e tendências futuras de fecundidade, uma vez que a constituição de uma nova família e/ou domicílio é um dos marcos dessa transição. Este projeto visa explorar esses dois aspectos, a fim de contribuir para a ampliação do conhecimento sócio-demográfico relativo à juventude, imprescindível para o delineamento e gestão de políticas públicas voltadas para esse grupo etário.

Em todos os exemplos de apresentação dados aqui, ficam claros o tema da pesquisa, os resultados esperados e a contribuição que o trabalho pretende dar à Ciência e à sociedade.

JUSTIFICATIVA

Uma justificativa bem redigida é essencial para a aceitação de sua proposta de trabalho. A justificativa deve ser direta, clara e convincente. Quem avaliar o projeto precisará saber por que razão ou razões se deve gastar tempo e dinheiro para a realização de sua proposta.

Como exemplo, vamos examinar a justificativa de um projeto de mestrado na área de Administração,[4] que propõe explicar por que os resultados alcançados pela Reserva Extrativista (Resex) do rio Ouro Preto não são satisfatórios em termos do aproveitamento dos recursos naturais e da qualidade de vida dos habitantes do local.

> **Justificativa**
> Encontrar um modelo de gestão e de exploração sustentável realmente eficiente é uma necessidade premente, uma vez que as Reservas Extrativistas (Resex) constituem parte expressiva do patrimônio natural e, portanto, da potencialidade existente na biodiversidade do Brasil. Como o presente projeto de pesquisa se propõe a realizar uma análise aprofundada de modelos atuais

> visivelmente ineficientes, ele concorre para a possibilidade de construção de um modelo mais adequado e nisso se configura sua importância maior, que o justifica.

Observe que o pequeno texto procura mostrar as razões de se gastar tempo, dinheiro e energia no estudo do tema. O fato de o pesquisador explicar bem, antes (na parte da apresentação), o objeto e o recorte específico de sua pesquisa e, depois (na parte da metodologia), como pretende fazer o trabalho, concorre para aprovação do projeto, pois, por mais defensável que seja o tema, a pesquisa precisa ser feita dentro de prazos estabelecidos e com os recursos disponíveis. Caso contrário, mesmo com uma boa justificativa, o projeto será previamente descartado por falta de condições concretas para sua realização.

A seguir, um exemplo de justificativa de um projeto na área de Saúde Pública[5] que pretende estudar a relação entre a propaganda e o *marketing* de bebidas alcoólicas e o aumento do consumo de álcool por parte dos jovens no Brasil.

> **Justificativa**
>
> O consumo de bebidas alcoólicas entre jovens brasileiros está crescendo, assim como as consequências negativas advindas desse consumo, tais como acidentes, violência e crimes, cirrose, dependência, entre outras.
>
> A promoção do álcool, através de propaganda e *marketing*, parece dar especial atenção ao jovem, aparentemente confirmando preocupação de autoridades nacionais e internacionais a esse respeito.
>
> O reconhecimento de que a divulgação de bebidas alcoólicas é um fator importante para o início e continuidade do consumo por parte dos jovens tem impulsionado, no Brasil, vários projetos de lei no sentido de limitar a propaganda de bebidas alcoólicas (do mesmo modo como foi feito com relação ao tabaco). Estudos

> científicos que informem tanto o público leigo quanto os especialistas e políticos são essenciais no sentido de colaborar para o estabelecimento de políticas públicas a respeito do consumo de bebidas alcoólicas em nosso país.

No próximo exemplo, retirado de um projeto de mestrado em Medicina,[6] temos a justificativa para uma pesquisa que procura detectar os fatores que levam à ocorrência de vômitos (e, consequentemente, de possíveis complicações, como aspiração, deiscência de sutura, rutura esofágica etc.) em crianças com câncer submetidas a procedimentos cirúrgicos sob anestesia geral, com o objetivo de desenvolver tratamentos profiláticos individualizados.

> **Justificativa**
> A presença de náuseas e vômitos no pós-operatório é um dos motivos de maior desconforto dos pacientes submetidos a procedimentos cirúrgicos e uma das causas mais comuns de retardo da alta hospitalar, aumentando os custos da instituição de saúde.
> O desenvolvimento de uma profilaxia adequada dos vômitos pós-operatórios não é só uma questão de humanização do tratamento do paciente cirúrgico, mas está relacionado à redução dos gastos hospitalares com estes eventos e a internação dos pacientes.
> Uma profilaxia antiemética realizada de forma racional, considerando custos e benefícios, só é possível se os pacientes de risco e o grau de risco para a ocorrência de vômitos pós-operatórios forem identificados.

Veja que não é necessário fazer digressões no texto da justificativa. Não há qualquer necessidade de recorrer a recursos impressivos, como adjetivos em excesso, frases de efeito, clichês ou ditos populares para produzir uma imagem positiva de seu trabalho. Vá direto ao assunto e diga claramente por que seu projeto é importante. Se você fizer isso, ou seja, se conseguir ser claro, conciso e objetivo, é secundário preocupar-se se a justificativa vai ocupar 5, 10 ou mais linhas.

OBJETIVOS

Por tradição acadêmica, os objetivos costumam ser escritos com verbos no infinitivo impessoal ("analisar", "descrever", "comparar", "constituir", "formar", "ampliar" etc.). Esses verbos definem o que se pretende alcançar com o trabalho, portanto, seu emprego merece especial atenção.

Vejamos exemplos de objetivo geral (o objetivo do projeto como um todo) e de objetivos específicos (os objetivos de cada passo do projeto, que permitam que o objetivo geral seja alcançado).

Em um projeto de TCC em Linguística[7] que pretende estabelecer a relação entre o contexto cultural e a evolução do sentido da expressão "ser mãe solteira" em uma determinada comunidade, os objetivos foram descritos da seguinte forma:

Objetivos

Objetivo geral

Analisar a influência da cultura na constituição do sentido da expressão "ser mãe solteira", registrando as alterações de significado da expressão ao longo do tempo e explicando o porquê de ela estar caindo em desuso atualmente.

Objetivos específicos
1. Promover um levantamento bibliográfico relacionado ao tema do projeto;
2. Coletar informações históricas sobre o fato social *ser mãe solteira* na comunidade, ou seja, mapear por meio de entrevistas quem eram e como eram vistas as mães solteiras no passado recente;

3. Verificar os diferentes sentidos que adquiriu a expressão *mãe solteira* na evolução da língua;
4. Mostrar de que forma os conceitos teóricos da Semântica podem ser aplicados à análise proposta do material coletado.

Em uma pesquisa na área de Agronomia[8] sobre a distribuição espacial de uma doença que afeta especialmente laranjas doces – a leprose dos citros – e de seu vetor nos pomares do estado de São Paulo, os objetivos foram apresentados assim:

Objetivos

Objetivo geral

Diagnosticar o padrão espacial da leprose dos citros e do ácaro da leprose (*Brevipalpus phoenicis*) nos pomares das principais regiões citrícolas do estado de São Paulo (Sul, Centro, Norte e Noroeste).

Objetivos específicos
- Caracterizar os padrões espaciais de distribuição da leprose dos citros com diferentes níveis de incidência da doença;
- Caracterizar os padrões espaciais de distribuição do ácaro da leprose dos citros em talhões com diferentes porcentagens de árvores com a presença do ácaro da leprose (incidência do ácaro da leprose).

Há quem prefira não fazer uma distinção formal entre objetivos gerais e específicos, agrupando todos os objetivos em um só item, embora o leitor atento possa identificar facilmente um tipo e outro.

Um pesquisador da área de Ciências Sociais descreveu os objetivos de seu projeto de mestrado[9] sobre emissoras públicas de televisão (as brasileiras TV Brasil e TV Cultura e as venezuelanas Telesur e TVes) da seguinte maneira:

Objetivos

A pesquisa tem como objetivo geral verificar as características dos modelos de televisão pública adotados no Brasil e na Venezuela em termos de particularidades, continuidades e permanências. Com isso, pretende desvelar as contradições, inovações e avanços desses modelos no sentido de promover o resgate do espaço público, o fortalecimento da expressão plural e a integração continental.

Ao desenvolver uma análise crítica da atuação das emissoras públicas nos dois países, o trabalho almeja contribuir com a qualificação do debate sobre as políticas públicas de comunicação na América Latina.

Para isso, pretende traçar um panorama dos sistemas públicos de televisão no Brasil e na Venezuela, levantando informações sobre sua história recente, estrutura, formas de gestão e de financiamento e conteúdos produzidos e veiculados pelas quatro empresas pesquisadas.

A análise da estrutura dessas empresas tem como objetivo dimensionar a capacidade técnica de presença e difusão de conteúdo diante da população. Isso inclui observar suas formas de articulação em redes e as inovações tecnológicas e legais de que são alvo.

Em relação aos modelos de gestão e participação, o objetivo da análise é entender os parâmetros adotados: o grau de centralização, a composição das instâncias decisórias ou administrativas e os métodos de escolha que as emissoras praticam. Assim, será possível compreender as formas de legitimação e presença dessas emissoras na sociedade civil.

Quanto ao financiamento, serão estudados os potenciais de autonomia das televisões públicas; se elas dispõem de recursos públicos ou se necessitam captá-los recorrendo ao mercado publicitário.

A análise do conteúdo e da programação tem como objetivo investigar seus níveis de diversidade geral e étnica, seu teor (generalista ou específico) e formato de produção (centralizado ou não).

Um projeto de doutorado em História[10] sobre as mentalidades relativas ao amor e à representação sexual na Pompeia romana descreveu seus objetivos dessa forma:

> **Objetivos**
> Estabelecido que o sentido de "ser mulher" e o de "ser homem" depende das relações articuladas entre eles, dos elementos culturais compartilhados e das posições sociais ocupadas por homens e mulheres concretos, nessa pesquisa, busca-se obter uma nova compreensão da relação entre o feminino e o masculino na sociedade romana. Essa compreensão será alcançada a partir do estudo das expressões culturais e valores das camadas populares, mais especificamente por meio da análise dos registros de próprio punho – os grafites – feitos por pessoas comuns e preservados no sítio arqueológico de Pompeia relativos a questões amorosas e de gênero.
> As informações obtidas serão confrontadas com os discursos historiográficos contemporâneos a respeito da sociedade romana, já que, até o momento, a articulação sexo/gênero apresentada pelos estudiosos para os romanos do século I d.C. está alicerçada em referências aristocráticas, baseada nas acepções das elites e em juízos de valores depreciativos em relação às demais camadas sociais.
> Com essa pesquisa, pretende-se destacar a diversidade das visões formuladas pelos distintos grupos sociais que habitavam a cidade de Pompeia. E, depois de revelar a pluralidade das sensibilidades existente na sociedade romana, pretende-se mostrar como estes grupos sociais, a partir de seus valores específicos, estabeleceram múltiplos vínculos e adotaram comportamentos diversos em suas relações sociais. Assim, será possível vislumbrar um Mundo Antigo mais diverso, complexo e distante da unidade que um dia se imaginou para ele.

Os objetivos apresentados aqui como exemplos têm formas diferentes de redação, sendo todas elas plenamente válidas. Nos exemplos de Linguística e de Agronomia, a apresentação é mais *esquemática*, com uma separação inclusive visual do objetivo geral e dos objetivos específicos. Nos exemplos de Ciências Sociais e de História, os objetivos foram construídos em um formato mais *dissertativo*. Em todos os quatro, porém, fica claro o que o pesquisador deseja fazer, aonde ele quer chegar, e é isso o que realmente importa nesse quesito.

REFERENCIAL TEÓRICO

O referencial teórico é a parte de fundamentação do projeto. Ele é apresentado na forma de uma redação dissertativa, com argumentos e citações que dão uma ideia clara de onde você está partindo, ou seja, de qual é o ponto de vista teórico adotado para a execução de seu trabalho. Ele será mais ou menos extenso, dependendo da natureza e da complexidade do trabalho proposto. É na parte ocupada pelo referencial teórico que aparecerá o maior número de citações e considerações a respeito de teorias e ideias dos autores que serão levados em conta ao longo da pesquisa. É nela que você demonstra ser capaz de articular suas próprias ideias e objetivos já consolidados por outros pesquisadores. O referencial é, assim, um momento de *diálogo científico*.

O nível de profundidade e o grau de sofisticação com que o referencial teórico é apresentado variam de acordo com o caráter do projeto, mais simples para uma monografia, mais complexo para um doutorado, por exemplo.

Por outro lado, em uma mesma pesquisa, a apresentação do referencial teórico do *projeto* é diferente da do *trabalho final* no sentido em que, no texto final, a parte do referencial teórico deverá ser mais desenvolvida e mais abrangente, em função de alguns aspectos, a saber:

a) teorias e/ou abordagens consideradas no trabalho, descritas com mais profundidade;
b) conceitos básicos adotados e sua inter-relação;
c) aspectos teóricos e obras mais relevantes para o trabalho de pesquisa efetivamente desenvolvido.

O referencial teórico do projeto indica, portanto, apenas o ponto de partida da pesquisa. Assim, na fase do projeto, a preocupação maior de quem o elabora deve ser fundamentar, embasar, os *passos iniciais* do trabalho de pesquisa. Ao longo do trabalho, o referencial pode e deve ser ampliado e aperfeiçoado, ou mesmo descartado em função de outro mais adequado. Logo, no texto do projeto não é necessário (e nem é possível) desenvolver a parte do referencial teórico da mesma maneira que você deverá fazer no momento de redigir o trabalho final. Por outro lado, reserve um bom tempo para *a sua* pesquisa propriamente dita e, no momento devido, de acordo com as necessidades que surgirem no decorrer do próprio processo de investigação, dedique-se a explicitar suas opções teóricas definitivas.

Alguns estudantes e pesquisadores querem redigir, no projeto, o mesmo texto de referencial que apresentarão no trabalho final. Dizem que é mais fácil fazer logo de uma vez e, depois, "copiar e colar". Mas isso não pode ser assim! Ao longo da pesquisa, é natural que seu próprio desenvolvimento mostre que outras leituras são necessárias ou que as referências adotadas inicialmente não são tão adequadas ou suficientes quanto se imaginou no início. Assim, é altamente aconselhável haver uma economia de tempo e energia na elaboração do referencial do projeto, que é preliminar, e uma enorme dedicação na apresentação do referencial teórico no texto do trabalho final, que deve dar conta de todos os aspectos teóricos pertinentes à pesquisa.

Um referencial teórico que veremos aqui como exemplo faz de um projeto de mestrado da área da Linguística[11] e foi considerado suficiente para demonstrar o ponto de partida escolhido para o trabalho. A preocupação da pesquisa é saber se determinadas palavras utilizadas pelos professores nas primeiras séries escolares são compreendidas pelos alunos com o mesmo sentido que a escola lhes dá. Se alunos e escola não atribuem os mesmos sentidos a estas palavras, isso pode explicar alguns dos problemas de aprendizagem existentes. Portanto, ao apresentar seu referencial teórico, a autora do projeto teve que recorrer a certos conceitos e obras de outros autores que

considerou úteis para o desenvolvimento do seu trabalho específico e teve que explicitar suas opções a respeito das seguintes questões:
a) os conceitos de *língua* e de *sentido* adotados, já que existem muitos;
b) como se dá a *atribuição de sentidos* em uma língua com base nos conceitos adotados;
c) como ocorre, hoje, o ensino de línguas na primeiras séries escolares, em geral, no país, com base nos materiais já publicados e que servirão de ponto de partida para a pesquisa;
d) e, finalmente, qual a relação entre essas coisas todas de maneira a deixar claro o caminho que se escolheu seguir.

Isso foi feito de forma clara, concisa e objetiva. No trecho citado a seguir, observe como o referencial pode (e deve) ser articulado ao tema e aos objetivos da pesquisa. (Obviamente, por ocupar várias páginas no original, a parte do referencial teórico do projeto usado como exemplo não é reproduzida aqui na íntegra. Para que você identifique o local dos cortes, as supressões são assinaladas com reticências entre colchetes.)

Referencial teórico

O presente referencial teórico é preliminar e, esperamos, será bastante aprofundado no processo de cumprimento dos créditos previstos no Programa. Por hora, cumpre destacar os conceitos de *língua* e *sentido* que serão pontos norteadores da pesquisa.

Língua e representação

Uma forma bastante consistente de iniciar um estudo que relacione língua e educação é definir um conceito de língua que nos dê bases para uma pesquisa de caráter prático e resultados funcionais. Ferrarezi (2008) adota o seguinte conceito de língua natural: "Uma língua natural é um sistema socializado e culturalmente

determinado de representação de mundo e seus eventos." Esse conceito responde à maioria das questões ligadas à linguagem, como veremos abaixo, em cada aspecto/elemento considerado no conceito base. Assim temos:
1. **Língua como sistema:** aspectos estruturo-funcionais – dizem respeito à organização sistêmica, ou seja, suas regras gramaticais definidas na forma de princípios e parâmetros (CHOMSKY, 1992), e regras de uso que componham o sistema gramatical, ou seja: estrutura e uso na fonologia, na morfologia, na sintaxe, na semântica e na pragmática da língua.
2. **Língua como algo socializado:** aspectos sociolinguísticos – referem-se às especificidades sistêmicas atribuídas a e socializadas em determinado grupo de falantes, como formas específicas de pronúncia, léxico ou construção sintática, entre outras.
3. **Língua como algo culturalmente construído:** aspectos antropoculturais
[...]
4. **Língua como forma de representação:** aspectos semântico-pragmáticos
[...]
5. **O representado como "mundos e seus eventos":** aspectos referenciais e criacionais
[...]

Efetivamente, quando a criança chega à vida escolar, ela o faz contando com esse cabedal de sinais e sentidos que funcionam como seu meio básico de representação. Ela "enxerga" o mundo por meio de conceitos que já desenvolveu e se expressa com palavras que são associadas a sentidos que representam esses conceitos. Entretanto, a escola utiliza muitas dessas mesmas palavras com sentidos diferentes daqueles que a criança já conhecia até ali, acarretando problemas diversos de comunicação entre a escola e a criança. Para compreender melhor **como essas dificuldades de**

comunicação são geradas, precisamos entender como o sentido é constituído numa conversação ou mesmo numa palavra.

Considerações sobre o sentido das palavras

[...]

A maioria das vezes a escola e a criança não compartilham os mesmo contextos e os mesmos cenários e, em decorrência disso, dificilmente compartilharão dos mesmos sentidos. Esse é um dos problemas da educação brasileira atual e precisa ser corrigido com urgência, pois contribui para agravar o fracasso escolar. Para entendermos um pouco dessas divergências veremos o que Faraco (2009) escreve sobre a teoria de Bakhtin.

[...]

O ensino de língua materna

Outro aspecto importante a observar é como se processa o ensino da língua materna para crianças em idade escolar que já dominam sua língua e sua gramática. As crianças em idade escolar já se expressam suficientemente bem nos espaços do cotidiano, incluindo aí, o espaço social não formal da escola. Elas não apenas têm noções rudimentares, mas conhecimentos complexos da língua, de suas regras orgânicas, de seu uso, caracterizando-as, assim, como falantes nativas daquela língua.

[...]

O processo educacional precisa integrar a construção de conceitos que permitam atribuir sentidos que a escola presume às palavras que o aluno domina ou precisa dominar para diminuir os níveis de dificuldade do aprendizado em nossas escolas básicas. Esse processo deve ser realizado de maneira sistemática e não baseada na "descoberta" individual dos alunos de forma que esses e a escola compartilhem o mesmo mundo e sejam bem sucedidos nele.

O exemplo de referencial teórico (trecho editado) que vem adiante é de um projeto de doutorado em Demografia,[12] que se propõe a estudar o fenômeno de transição para a vida adulta nas camadas médias e populares.

Nele, a pesquisadora considerou importante apontar as concepções teóricas e os trabalhos já publicados relativos, por exemplo, à ligação entre a evolução da importância social conferida aos jovens e às mudanças demográficas. Fez um balanço bibliográfico dos Estudos sobre Família, com destaque para as questões que envolvem o "curso de vida" e a transição para a vida adulta. Apresentou o problema da delimitação do início e do fim da adolescência, segundo vários critérios. Sintetizou os caminhos tomados pelas pesquisas recentes sobre o assunto da transição para a vida adulta que estudam o peso relativo de aspectos como condições financeiras, ligações de dependência econômica e/ou afetiva com a família, interferência de políticas públicas na criação de oportunidades, entre muitos outros. E, finalmente, esboçou sua hipótese de trabalho sobre os ombros de estudiosos que a precederam.

Referencial teórico

Segundo Hareven (1999), as concepções sobre o que é ser criança ou adolescente estão relacionadas ao modo como o ser adulto é definido pela sociedade. Os papéis sociais e a posição que crianças, adolescentes, jovens, adultos e idosos ocupam no grupo social são sempre relacionais e implicam a regulação de comportamentos, responsabilidades e necessidades específicas para cada idade. Retomando os trabalhos de Phillippe Ariès, Hareven (1999) afirma que desde o final do século XVIII e início do século XIX a valorização dos filhos e a importância central que eles passam a ter no interior das famílias da Europa Ocidental era em parte uma resposta a duas mudanças demográficas significativas: a queda da mortalidade infantil e a propagação da prática da limitação consciente do número de filhos.
[...]
Sobretudo nos anos 80 e 90, tanto a Demografia da Família, ou dos Grupos Domésticos, quanto a Sociologia desenvolveram estudos empíricos e teóricos que consideram as características, os determinantes e os aspectos estruturais da transição para a

vida adulta (GOLDSCHEIDER e DA VANZO, 1985, 1989; HOGAN, 1986; AVEREY, GOLDSCHEIDER e SPEARE JR., 1992; HOGAN, EGGEBEEN e CLOGG, 1993; HARRIS, FURSTENBERG e MARMER, 1998). A transição para a vida adulta tem se constituído como uma importante temática de interesse para os estudiosos dos cursos de vida, pois os papéis assumidos nessa fase auxiliam na compreensão de desenvolvimentos posteriores no campo familiar e ocupacional.

[...]

O entendimento dos cursos de vida está circunscrito à noção de que os indivíduos passam por mudanças qualitativas, psicológicas, cognitivas, emocionais e de necessidades que estão associadas a diferentes etapas da vida para as quais comumente se toma a idade dos indivíduos como referência (BRAUNGART, 1986). A análise do curso de vida de uma perspectiva quantitativa tem se debruçado sobre o *timing* dos eventos que caracterizam as mudanças vividas pelos indivíduos (quando os eventos acontecem), sua *sequência* (em que ordem os eventos acontecem) e seu *quantum* (quantos eventos acontecem) (BILLARI, 2001).

[...]

Se, determinar com precisão os limites universalmente aceitos para o início e o término da juventude, é uma tarefa difícil dado a variabilidade sociocultural do que se entende por juventude, os processos de descristalização e latência em pleno curso atualmente tornam a tarefa ainda mais árdua. Especialmente nos países europeus, as idades em que ocorre cada uma das mudanças que caracterizam a transição para a vida adulta (saída da escola, ingresso no mercado de trabalho, casamento, nascimento do primeiro filho) têm tido grande variação, mas também poderíamos pensar se o mesmo não se passa com grupos bem específicos no Brasil. As idades ao casar e ao nascimento do primeiro filho são aquelas nas quais se observam as maiores variações, a ponto de pesquisadores europeus, considerando a realidade de seus respectivos países, defenderem que essas duas etapas já não devem ser consideradas obrigatoriamente como parte da transição para a vida adulta (MIER y TERÁN, 2004).

A Organização Mundial de Saúde fixa como adolescência a faixa etária compreendida entre 10 e 19 anos. E como população jovem, o grupo mais amplo que abarca as pessoas de 10 a 24 anos. Contudo, os estudos acadêmicos convencionalmente nomeiam como adolescentes a população de 10 a 19 anos, e jovens, a população de 15 a 24 anos (CALAZANS, 1999; CAMARANO et al., 2003). Justamente por conta da grande variabilidade etária, de que falávamos anteriormente, em que se realizam as etapas da transição para a vida adulta, tem-se feito em alguns estudos a opção de coletar dados considerando faixas etárias bem mais amplas, de 15 a 29 anos (FIGUEIREDO et al., 2000) ou ainda de 15 a 34 anos (MIER y TERÁN, 2004)
[...]
Em um estudo recente sobre a relação entre as ondas jovens e o mercado de trabalho no Brasil e na Argentina, Bercovich e Massé (2004, p. 16) afirmam que, na década atual, os adultos jovens de 25 a 34 anos enfrentam "os mesmos fatores que comprometiam a possibilidade de absorção da onda jovem no mercado de trabalho [...]: o baixo dinamismo da oferta de trabalho recente, o envelhecimento da estrutura etária dos ocupados e a forte pressão exercida pela entrada das mulheres de todas as idades no mercado de trabalho, [...] representam uma concorrência adicional". As perspectivas ocupacionais e profissionais atuais, bem como a crescente instabilidade das relações afetivas podem estar contribuindo para o adiamento da autonomia completa dos filhos em relação aos pais.
[...]
Um dos aspectos mais explorados na literatura internacional sobre a transição para a vida adulta têm sido os arranjos domiciliares, ou seja, com quem os jovens moram e sob quais condições. Isso porque a moradia separada dos pais fornece elementos para a discussão do grau de dependência do jovem ou atesta sua total autonomia.
[...]
Quanto à dimensão das normas e valores sociais, o estilo de vida moderno enfatiza a primazia da privacidade e da independência sobre o companheirismo e a obediência filial. Especialmente

nas camadas médias e de maior escolarização norte-americanas, os pais (AVEREY, GOLDSCHEIDER e SPEARE JR., 1992) incentivam a independência dos filhos, pois percebem a saída dos jovens adultos de casa como um ganho de privacidade para ambas as gerações.
[...]
Em estudo realizado em São Paulo (SEADE, 1998), constatou-se que o sexo, o estado civil e a idade média ao casar tendem a exercer influência sobre os arranjos domiciliares em que os jovens estão inseridos.
[...]
A importância do suporte intergeracional e intrafamiliar (quer em benefício dos jovens ou dos idosos) pode se intensificar em contextos em que há redução nos serviços providos pelo Estado como resultado de políticas neoliberais. Nessas circunstâncias, a família pode se converter no único "mecanismo de proteção social" (OLIVEIRA, 1997).
[...]
Mayer e Schoepflin (1989) apontam para a emergência de toda uma linha teórica e de pesquisa sobre o impacto das políticas de Estado sobre a estruturação do curso da vida.
[...]
Helena Abramo (1997) chama a atenção para a ausência de políticas públicas consistentes dirigidas para a juventude até meados dos anos 90. Enquanto na Europa e nos Estados Unidos as políticas para jovens foram se desenvolvendo ao longo de todo o século XX; e, nos anos 80, a Organização das Nações Unidas (ONU) e a Comissão Econômica para a América Latina e o Caribe (Cepal) estimularam políticas voltadas para essa população em alguns países latino-americanos em parceria com lideranças locais, o Brasil ficou à margem desse processo.
[...]
Abramo (1997) propõe o exercício de análises que escapem ao olhar das gerações mais velhas que veem os jovens como "problema" e que ao invés disso se desenvolvam estudos que focalizem

> o modo como os próprios jovens vivem e elaboram suas experiências. No caso do estudo da transição para a vida adulta, podemos pensar o quão proveitoso pode se revelar a combinação da análise dos dados das estatísticas oficiais com entrevistas em profundidade com jovens que estão vivendo a passagem para a vida adulta. Para a sociedade, os jovens podem até ser um problema (trazem a preocupação com a gravidez precoce, aumento da mortalidade por causas violentas, Aids etc.). Mas para os jovens, será que o problema não é a sociedade que ainda lhes oferece poucas opções de escolhas?

Ao redigir a parte relativa ao referencial teórico, o autor do projeto deve observar que ela deve corresponder, em profundidade e extensão, à profundidade e extensão do tratamento que se dará ao estudo científico que se está realizando. Assim, se um projeto resultará em um artigo científico de dez páginas de TCC, quase sempre a apresentação das bases teóricas é feita em apenas uma ou duas páginas. Mas, se o projeto é para um pós-doutorado, que tratará extensa e exaustivamente de um tema complexo, parece claro que o referencial teórico terá que dar conta dessa complexidade toda, assim, será maior, mais profundo, mais sofisticado.

O pesquisador deve ser muito criterioso ao escolher as obras que tomarão parte do referencial, pois um verdadeiro "diálogo científico" começa a ser construído no momento de citar outros trabalhos e comentá-los. No texto, deve ser mencionado apenas aquilo que é essencial para demonstrar as bases teóricas de seu trabalho. Não caia na tentação de imaginar que as citações impressionarão os avaliadores única e exclusivamente pela quantidade; quase sempre ocorre o contrário: citações excessivas, desconexas ou desnecessárias, resultam em confusão e desqualificam o projeto.

METODOLOGIA

Hoje em dia, grande parte dos trabalhos de graduação e iniciação científica se fundamenta apenas em *pesquisa bibliográfica*. O exemplo a seguir é de metodologia desse tipo de trabalho. É claro que existem muitas outras formas de fazer pesquisa e inúmeros procedimentos metodológicos específicos de cada área. Porém mesmo quem desenvolve, por exemplo, trabalho de campo, estudo de fontes primárias, simulações computacionais, experiências de laboratório ou dissecação de cadáveres precisa necessariamente fazer uma boa pesquisa bibliográfica. Como ela é a base de qualquer estudo – mais simples na graduação, mais complexa no doutorado –, optamos por tomar a pesquisa bibliográfica como um exemplo do que pode ser dito no item "Metodologia".

> **Metodologia**
>
> O presente projeto se fundamenta basicamente em pesquisa bibliográfica. Essa pesquisa será desenvolvida em quatro etapas:
> 1. identificação e seleção de material bibliográfico pertinente;
> 2. leitura e fichamento em formato digital do material selecionado com identificação das obras, dos autores e de suas ideias centrais;
> 3. elaboração de uma lista de palavras-chave (referentes a assuntos relevantes para a pesquisa) que facilite a localização dos temas no material fichado no momento de elaboração do relatório final;
> 4. análise do conteúdo do material levantado para a elaboração das conclusões da pesquisa.

Pesquisa de campo é outra metodologia bastante comum. A forma de fazê-la varia em cada área. A pesquisa de campo para um sociólogo pode ser entrevistar pessoas de uma determinada comunidade, enquanto para um biólogo pode ser colher amostras de corais no mar do Caribe.

A seguir, um exemplo de metodologia apresentada em um projeto de pós-doutorado em Geologia[13] cuja proposta é fazer estudos radiométricos de determinadas rochas granitoides.

> **Material e métodos**
>
> Diferentes tipos de granitoides serão analisados quanto aos radionuclídeos ^{40}K, 'eU' e 'eTh', por intermédio da técnica de gamaespectrometria. O propósito da espectrometria é identificar e quantificar elementos. Em se tratando de elementos radioativos, a medida espectrométrica é feita com base na propriedade da radioatividade, método comprovado como de fácil uso, altamente sensível e rápido, sendo rotineiramente aplicado com sucesso na solução de problemas analíticos em radioquímica. [...]
>
> O principal objetivo da espectrometria de raios gama é o mapeamento geológico. Este tipo de mapeamento pode ser empregado na busca de depósitos de metais básicos (como o cobre, chumbo e zinco) e detecção e delimitação das chamadas rochas fonte (nas quais os depósitos de urânio ocorrem ou de onde eles podem ter sido derivados). [...] A espectrometria de raios gama analisa a energia dos picos, possibilitando a identificação direta dos radionuclídeos em amostras que emitem radiação gama. [...] A espectrometria de raios gama tem vantagens sobre os outros métodos, principalmente por causa da penetração dos raios gama, que é grande se comparada com a das partículas alfa e beta (IVANOVICH e MURRAY, 1992). Além disso, a preparação das amostras para leituras de espectrometria de raios gama é simples, não destrutiva e não necessita "spike" permitindo que os diversos radioelementos de interesse sejam analisados simultaneamente.
>
> O Espectrômetro de Raios Gama é formado de um sensor gama e circuitos eletrônicos que separam a radiação incidente no cristal em dois ou mais componentes de energia. [...] Em

decorrência da interação entre a radiação gama emitida por uma fonte radioativa e um cristal cintilador de NaI (TI) são produzidos pulsos de pequena amplitude no ânodo de uma fotomultiplicadora (BONOTTO, 1990). Para que os pulsos sejam detectados, cada pulso é pré-amplificado e aplicado a um amplificador [...]. Os pulsos produzidos apresentam alturas variáveis que dependem diretamente da energia das radiações; portanto, depois que são discriminados de acordo com suas alturas, fornecem espectros relacionados com a energia da radiação gama emitida nas transições nucleares. O dispositivo que realiza esta separação é o Analisador de Altura de Pulsos (BONOTTO, 1990).

Um feixe de radiação gama pode interagir com um cristal de NaI (Tl) através de vários mecanismos, porém apenas dois serão considerados: o *efeito fotoelétrico* e o *espalhamento Compton*. [...]

A Figura 5 ilustra o sistema instalado no Labrido – Laboratório de Isótopos e Hidroquímica, do Departamento de Petrologia e Metalogenia (IGCE) que será utilizado nesta pesquisa. Este sistema é formado por uma blindagem de chumbo onde estão colocados o pré-amplificador e o cristal de NaI (TI), sendo que estes estão conectados a uma fonte de alta tensão. É nesta blindagem de chumbo que será inserida cada amostra acondicionada no recipiente de alumínio. Do pré-amplificador parte um cabo que conduz o sinal ao amplificador, e deste para o multicanal ligado ao microcomputador que processa o sinal efetuando a sua contagem.

O processamento dos dados obtidos será efetuado através do software Maestro II, da EG&G-Ortec, instalado no sistema disponível no Labrido.

Veja que essa proposta de metodologia inclui informações sobre equipamentos, procedimentos de registro e análise dos dados muito diferentes daqueles utilizados na pesquisa bibliográfica. Também o tratamento das informações, as formas de interpretação e a aplicação dos resultados são diferentes. Ao escolher a metodologia é preciso ter bem claro qual a que mais se enquadra em seus objetivos de pesquisa.

Alguns pesquisadores consideram que, além de deixar claro que metodologia vão usar, devem explicar por que descartaram outras existentes. Isso pode ser visto no exemplo abaixo: um projeto de pós-doutorado em Arqueologia[14] que pretende estudar as questões da guerra e da violência na Grécia Antiga tendo como fonte de pesquisa as ilustrações relacionadas à Guerra de Troia que aparecem em vasos de cerâmica dos séculos vi-v a.C. Nele, o pesquisador se identifica como "o candidato".

Metodologia

Nos estudos da cerâmica grega, a abordagem da *História da Arte* faz-se fortemente presente e tem interesses diversos. Um deles consiste em examinar a *evolução* de uma cena ou de um tema particulares através do tempo e das diversas produções cerâmicas. Outro campo de interesse é o da relação entre *imagem e mito*; no qual, empreende-se uma leitura global da mitologia a partir das imagens, dispondo-as cronologicamente com vistas a obter uma narrativa linear e coerente. Muitos pesquisadores se mantiveram nessa linha de pesquisa, mas ampliaram seus interesses ao se preocuparem em compreender *como as imagens narram* o mito, trabalhando a especificidade da linguagem e da arte narrativa das imagens como o meio da elaboração de uma mitologia grega a partir delas, incluso aí, o ciclo troiano. [...]

O candidato adota a abordagem *histórica*, que se volta, sobretudo, para a relação entre *imagem e história*. Assim, trata a imagem não mais como um documento, que porta por seu conteúdo uma informação histórica, mas como um monumento, cujas regras de elaboração são em si um testemunho sobre a maneira de se representar, a análise da sociedade tal qual ela se mostra em imagem, produzindo trabalhos sobre as categorias sociais e os comportamentos coletivos.

A metodologia a ser empregada é a da *seriação*, que visa obter uma *ordem* conforme a semelhança ou dessemelhança, reagrupando os objetos em conjuntos mais fortemente ligados. [...]

O candidato organizará sua *seriação* em torno das cenas de atos violentos. Com o intuito de detectar o significado que os artesãos deram em suas representações desses atos, voltará sua atenção, primeiramente, para os *esquemas iconográficos* de cada uma das cenas, para, em seguida, verificar os personagens envolvidos, tanto no *grupo central* de cada cena, quanto nos grupos dos *personagens secundários* que o entornam. De fundamental importância para a compreensão dos personagens será a observação das *posturas* e dos *gestos* que realizam em cada cena; pois, posturas e gestos são social e culturalmente codificados e, consequentemente, reveladores de representações e sensibilidades.

Por vezes, duas ou mais formas de coleta de informações são adotadas pelo pesquisador; portanto, mais de uma metodologia é empregada no trabalho. Vejamos, por exemplo, como um projeto na área de Saúde Pública[15] pretende investigar a promoção de bebidas alcoólicas entre os jovens brasileiros.

Materiais e métodos

A) *Estudo sobre temas e distribuição das propagandas*

As propagandas de bebidas alcoólicas serão coletadas diretamente da televisão (principais canais comerciais), em revistas (principais revistas nacionais, particularmente as que possuem informação sobre a quantidade de adolescentes e jovens leitores) e, se possível, diretamente nas agências de propaganda que trabalham para a indústria do álcool.

A análise do material pretende verificar:

– a distribuição de propaganda por mídia e por tipo de bebida alcoólica;

– a ligação entre momento e local da propaganda com a exposição aos jovens segundo dados de pesquisa de mercado;

– os temas prevalentes em cada mídia, as mensagens veiculadas e seu acordo com o código de ética da própria indústria.

Para efeito de comparação, serão coletadas propagandas de outros produtos comparáveis (p. ex.: bebidas não alcoólicas), assim como dados da literatura internacional. Entre os estudos internacionais que investigaram recentemente esse tema e serão consultados estão: Garfield e cols., 2003; Austin &Grube, 2002.

B) *Estudo sobre exposição e apreciação dos jovens em relação à propaganda de álcool*

As respostas dos jovens às propagandas de bebidas alcoólicas serão medidas através da *exposição recordada* (*recalled exposure*) e da apreciação das mesmas. Serão montados *grupos focais* com jovens de diversas faixas etárias (12-21 anos) o que permitirá também investigar as possíveis diferenças entre jovens que ainda não iniciaram o beber (ou estão apenas iniciando agora) e aqueles que já se utilizam de bebidas alcoólicas regularmente. Os grupos focais proporcionarão material para o desenvolvimento de um *questionário semiestruturado* a ser aplicado em uma amostra de conveniência relevante (embora não necessariamente representativa) de jovens. Entre os estudos internacionais nos quais essa parte da pesquisa será baseada, encontram-se: WYLLIE e cols., 1998a WYLLIE e cols., 1998b e CASSWELL & ZHANG, 1998; AUSTIN & KNAUS, 2000.

Análise dos resultados

A) *Estudo sobre temas e distribuição das propagandas*

Para a avaliação de temas, será construída uma grade temática baseada em dados da literatura e observação flutuante de algumas propagandas para ser utilizada por três "juízes", que avaliarão todas as propagandas. Para análise da concordância da avaliação, será utilizado o teste "kappa".

B) *Estudo sobre exposição e apreciação dos jovens em relação à propaganda de álcool*

Para examinar a natureza do relacionamento entre exposição e apreciação à propaganda de álcool e o comportamento futuro de beber e de expectativas em relação ao beber dos jovens, utilizar-se-á um questionário de perguntas estruturadas, baseado em dados de literatura e em grupos focais a serem desenvolvidos. As entrevistas serão feitas pessoalmente. O modelo de análise incluirá técnicas como regressão múltipla e modelos de equação estrutural exploratória para uma análise mais aprofundada do desenho transversal de coleta de dados.

CRONOGRAMA

O cronograma é construído com base nos objetivos específicos apresentados no projeto e no tempo disponível para sua execução. Ele deve ser realista. Monte uma tabela em que conste o tempo disponível (em meses, bimestres, trimestres, anos etc., conforme o caso) e, na coluna "Atividades", informe os objetivos específicos, um em cada linha, estabelecendo o prazo que julgar adequado para sua concretização. Procure ser sensato em relação a prazos, para não se atrasar na execução do trabalho.

A seguir, um exemplo de cronograma de um projeto de TCC na área de Letras[16] cujo objetivo é estudar as variações linguísticas na fala de detentos de uma determinada penitenciária, por meio de observações de campo (no contexto prisional, especialmente no horário de banho de sol dos presos) e entrevistas, segundo uma abordagem qualitativa.

Cronograma

ATIVIDADES	MAR./09	ABR./09	MAIO/09	JUN./09
Elaboração do projeto				
Fichamento de leituras				
Observação do lócus e dos sujeitos da pesquisa				
Realização de entrevistas				
Transcrição de entrevistas				
Análise do material e elaboração do artigo				
Apresentação do artigo				

Observe como os objetivos foram transportados para o quadro; para o cumprimento de cada um deles foi definido um prazo de execução. Claro que, no decorrer da pesquisa, o cronograma poderá ser modificado em função de necessidades específicas ou mesmo de contratempos que surgirem no meio do caminho, mas é importante que o cronograma apresentado no projeto seja o mais realista possível, pois é a partir dele que serão criadas expectativas com relação ao desenvolvimento de seu trabalho.

CUSTEIO

Vejamos, aqui, uma forma simples de apresentação de custeio. Vale lembrar que, como, por exemplo, em um orçamento de construção de uma casa, a projeção dos custos deve ser muito bem feita, pois tudo o que for deixado de fora do orçamento, por esquecimento ou erro de avaliação, nem por isso deixará de ser necessário e causará um problema depois. Digamos que, ao fazer o orçamento de sua casa, você se esqueça de fazer constar os custos com a parte hidráulica. Não haverá previsão de dinheiro para canos, torneiras, vasos sanitários etc., mas não será por causa disso que a casa poderá ficar sem as redes de água e esgoto. Alguém vai ter que arcar com as despesas além do orçamento previsto.

Em caso de projetos de pesquisa financiados (como de mestrandos ou doutorandos que recebem bolsas), quanto mais detalhados os itens de custeio, mais segurança haverá de que o trabalho não será prejudicado por falta de recursos ou de que, no final, será o próprio pesquisador a pagar a conta. Por outro lado, se o pesquisador exagerar nos números, corre sério risco de ver seu projeto recusado e até, em casos extremos, de perder a credibilidade na comunidade acadêmica. Então, atenção na hora de planejar os custos da pesquisa! Vejamos um exemplo simples, apenas para ter ideia de como elaborar um quadro de custeio. No caso apresentado, o pesquisador afirma que terá de fazer algumas viagens, comprar obras de referência e material de consumo.

Custeio

Item	Descrição	Custo unitário (R$)	Custo total (R$)
1	02 Deslocamentos Guajará-Mirim/Campinas/Guajará-Mirim – passagens intermunicipais de ônibus e passagens interestaduais de avião	1.800,00*	3.600,00
2	50 Deslocamentos Hortolândia/Campinas/ Hortolândia – passagens intermunicipais de ônibus	30,00*	1.500,00
3	Aquisição de 20 obras novas (que ainda não estão presentes na biblioteca da instituição)	100,00 (média)	2.000,00
4	Fotocópia e encadernação de 50 obras de publicação esgotada (que não se encontram à venda no mercado)	40,00	2.000,00
5	10 resmas Papel A-4	15,00	150,00
6	02 cartuchos de toner para impressora Lexmark E-210	240,00	480,00
			9.730,00

* Valor referente a cada deslocamento entres as cidades.

Caso você pretenda solicitar o financiamento de sua pesquisa a alguma agência de fomento (como Capes, CNPq, Fapesp etc.), essa informação deverá constar ao final do item "Custeio" e, você deverá preencher o formulário padrão exigido por cada agência de fomento. Em certos casos, o material adquirido por meio de financiamento deve ser doado à universidade (biblioteca, laboratório, centro de computação etc.) ao término da pesquisa e isso deve ser informado no projeto, pois mostra que, no futuro, outros pesquisadores também poderão se beneficiar das aquisições materiais feitas por ocasião da realização de seu trabalho.

REFERÊNCIAS

Vejamos aqui alguns poucos exemplos de como apresentar as Referências em um projeto científico, uma vez que o formato é padronizado de acordo com normas da ABNT. Informações mais detalhadas sobre os diferentes tipos de citação você encontrará mais adiante, no capítulo "Normas para referências e citações". O intuito agora é mostrar como elas se localizam no seu projeto de pesquisa.

Perceba que adotamos aqui o padrão de citar as referências em dois conjuntos funcionais distintos:

1. as que foram efetivamente citadas ao longo do projeto; e
2. as que foram usadas durante a elaboração do projeto, mesmo que não tenham sido diretamente citadas no corpo do texto, e as que o pesquisador, embora não as tenha lido ainda, já sabe que vai consultar, por serem obras reconhecidas academicamente e diretamente ligadas ao tema e/ou por terem sido indicadas pelo orientador do trabalho.

Referências das citações no projeto

ALWOOD, J. et alii. (1977). *Logic in Linguistics*. Cambridge: Cambridge University Press.
AUSTIN, J. L. (1972). *How to Do Things With Words*. Cambridge: Cambridge University Press.
BAKTHIN, M. (1988). *Marxismo e filosofia da linguagem*. São Paulo: Martins Fontes.

Referências preliminares da pesquisa

CATON, Ch. E. (org.) (1963). *Philosophy and Ordinary Language*. Illinois: University of Illinois Press.
CHOMSKY, N. (1986). *Knowledge of Language: Its Nature, Origin and Use*. New York, Praeger.
_____. (1992). *A Minimalism Program for Linguistics Theory*. MIT.
_____. (1997). *Linguagem e mente: pensamentos atuais sobre antigos problemas*. Mimeo.
COSERIU, Eugenio (1998). "Semántica Estructural y Semántica Cognitiva". In: MIRANDA, Luis; ORELLANA, Amanda (eds.) (1998). *Actas del II Congreso Nacional de Investigaciones Lingüístico-Filológicas*. Peru: Ed. de la Universidad Ricardo Palma.

Redação do projeto

Para redigir o projeto é importante seguir os passos apresentados anteriormente (amadurecimento, elaboração de rascunhos, leitura crítica do material), pois ajudam você a ganhar tempo e apresentar um texto de qualidade. O entrosamento entre você e seu orientador também vai colaborar para o sucesso da empreitada em suas outras etapas. Muitas vezes, algo que lhe parece bastante difícil pode tornar-se fácil com o auxílio do orientador, que tem mais experiência acadêmica. Portanto, desde a elaboração do projeto até a redação do trabalho final, é bom que orientando e orientador conversem, discutam ideias e cheguem ao consenso em relação ao desenvolvimento do trabalho de pesquisa e seu resultado.

Se você já tiver um professor-orientador na fase de elaboração do projeto, encaminhe a ele as versões preliminares do texto para que ele possa lhe oferecer sugestões.

Notas

[1] Projeto elaborado por Robergineia Áurea de Farias Morais, sob orientação do Prof. Dr. Celso Ferrarezi Jr., intitulado *Levantamento de expressões metafóricas funcionais que nomeiam plantas medicinais,* apresentado ao Departamento de Letras do Campus de Guajará-Mirim da Universidade Federal de Rondônia como requisito parcial para aprovação na disciplina Trabalho de Conclusão de Curso (TCC) em fevereiro de 2009.

[2] Projeto de mestrado elaborado por Mateus Yuri Ribeiro da Silva Passos, em 2008, sob a orientação do Prof. Dr. Valdemir Miotello, intitulado *Narratividade na comunicação pública da ciência: análise de revistas impressas brasileiras,* apresentado ao Programa de Pós-graduação em Ciência, Tecnologia e Sociedade da Universidade Federal de São Carlos.

[3] Projeto de doutorado elaborado por Joice Melo Vieira, sob orientação da Prof. Dra. Maria Coleta F. A. de Oliveira, intitulado *Transição para a vida adulta em camadas médias e populares: cenários e tendências sociodemográficas,* apresentado ao Programa de Pós-Graduação em Demografia da Universidade Estadual de Campinas (Unicamp) em 2005 e desenvolvido com auxílio da Fapesp.

[4] Projeto de mestrado elaborado por José Otavio Valiante, sob a orientação do Prof. Dr. Osmar Siena, intitulado *Produção sustentável em reservas extrativistas: um estudo da Reserva Extrativista do rio Ouro Preto – RO,* apresentado ao Programa de Pós-Graduação em Administração da Universidade Federal de Rondônia em 2007.

⁵ Projeto de elaborado por Ilana Pinsky Streinger, psicóloga filiada à Unidade de Pesquisa sobre Álcool e Drogas (Uniad) do Departamento de Psiquiatria da Universidade Federal de São Paulo (Unifesp), intitulado *Os jovens e a propaganda de bebidas alcoólicas no Brasil*, contemplado com a bolsa *Apoio a Jovens Pesquisadores* da Fapesp em 2003.

⁶ Projeto de mestrado apresentado em 2008 ao Departamento de Cirurgia da Universidade Estadual de Campinas (Unicamp) por Betina Sílvia Beozzo Bassanezi, médica do Centro Infantil Boldrini (Campinas-SP), intitulado *Determinação dos fatores de risco para ocorrência de vômitos pós-operatórios em população pediátrica oncológica*, desenvolvido com a aprovação da Comissão de Ética do Centro Boldrini e com a colaboração dos matemáticos Profa. Dra. Rosana Jafelice e Prof. Dr. Rodney Carlos Bassanezi.

⁷ Projeto de TCC elaborado por Maria Marlene Alves Baúna, sob a orientação do Prof. Dr. Celso Ferrarezi Jr., intitulado *A relação entre a cultura e a construção de sentidos na expressão "ser mãe solteira"*, apresentado ao Departamento de Letras do Campus de Guajará-Mirim da Universidade Federal de Rondônia, em 2009.

⁸ O trecho escolhido como exemplo faz parte do subprojeto intitulado *Leprose dos citros: diagnóstico da distribuição espacial da doença e do vetor nos pomares das regiões citrícolas do estado de São Paulo*, inserido no projeto maior *Epidemiologia da leprose dos citros*, desenvolvido pelos pesquisadores Renato Beozzo Bassanezi (Departamento Científico da Fundecitrus) e Francisco Ferraz Laranjeira (Embrapa Mandioca e Fruticultura Tropical), em 2001, com apoio da Fapesp.

⁹ Projeto de mestrado apresentado por Claudionor Almir Soares Damasceno, em 2009, ao Programa de Pós-Graduação em Integração da América Latina da Universidade de São Paulo (Prolam/USP), intitulado *Políticas públicas de comunicação na América Latina: os casos do Brasil e da Venezuela*, desenvolvido sob a orientação do Prof. Dr. Sedi Hirano.

¹⁰ Projeto de doutorado elaborado por Lourdes M. G. C. Feitosa, em 1998, intitulado *O amor e a representação sexual na Pompeia romana: uma análise de inscrições parietais*, apresentado ao Programa de Pós-graduação em História (área de concentração: História Cultural; linha de pesquisa: História, Cultura e Gênero) da Universidade Estadual de Campinas (Unicamp) sob a orientação do Prof. Dr. Pedro Paulo Abreu Funari, financiado pela Fapesp.

¹¹ Projeto de mestrado elaborado por Fabíola Ferreira Ocampo, sob a orientação do Prof. Dr. Celso Ferrarezi Jr., apresentado ao Programa de Mestrado em Letras do Departamento de Línguas Vernáculas do Campus de Porto Velho da Fundação Universidade Federal de Rondônia em 2010.

¹² Projeto de doutorado elaborado por Joice Melo Vieira, sob orientação da Profa. Dra. Maria Coleta F. A. de Oliveira, intitulado *Transição para a vida adulta em camadas médias e populares: cenários e tendências sócio-demográficas*, apresentado ao Programa de Pós-Graduação em Demografia da Universidade Estadual de Campinas (Unicamp) em 2005 e desenvolvido com apoio da Fapesp.

¹³ Projeto de pós-doutorado elaborado em 2007 por Ene Glória da Silveira, intitulado *Estudos radiométricos de rochas granitoides do estado de Rondônia*, desenvolvido junto ao Programa de Pós-Graduação em Geologia Regional (Área de Concentração em Geologia Regional) sob a supervisão do Prof. Dr. Daniel Marcos Bonotto e do Prof. Dr. Washington Barbosa Leite Júnior, da Universidade Estadual Paulista (Unesp), com financiamento do CNPq.

¹⁴ Projeto de pós-doutorado na área de Arqueologia da Universidade Estadual de Campinas (Unicamp) elaborado por José Geraldo Costa Grillo em 2009 sob a supervisão do Prof. Dr. Pedro Paulo Abreu Funari e desenvolvido com o apoio da Fapesp.

[15] Projeto de elaborado por Ilana Pinsky Streinger, psicóloga filiada à Unidade de Pesquisa sobre Álcool e Drogas (Uniad) do Departamento de Psiquiatria da Universidade Federal de São Paulo (Unifesp), intitulado *Os jovens e a propaganda de bebidas alcoólicas no Brasil* contemplado com bolsa *Apoio Jovens Pesquisadores* da Fapesp em 2003. O trecho sobre metodologia citado é parte de um todo maior que inclui também uma investigação sobre estratégias de *marketing* e um estudo sobre a relação entre a estrutura da indústria de bebidas e suas ações vinculadas à chamada "responsabilidade social".

[16] Projeto de TCC elaborado por Iracema Rodrigues Ribeiro em 2009, sob a orientação da Profa. Ms. Auxiliadora dos Santos Pinto, intitulado *A linguagem utilizada na penitenciária de Guarajá-Mirim/RO: um estudo sociolinguístico*, apresentado como requisito parcial para aprovação no Curso de Licenciatura Plena em Letras, do Campus de Guajará-Mirim – Fundação Universidade Federal de Rondônia (UNIR).

Metodologia para formatação de monografias, dissertações e teses

Neste capítulo, serão apresentadas as normas técnicas para a formatação final do trabalho científico, aquele que resultará de sua pesquisa, ou seja, a monografia (para graduação ou especialização), a dissertação de mestrado ou a tese doutoral. Sobre os artigos científicos, falaremos no capítulo subsequente, embora a maior parte das normas aqui apresentadas se repita na confecção de artigos.

Configuração da página e da escrita

É importante que todas as monografias, dissertações e teses de uma mesma instituição tenham um formato padrão, o que, além do aspecto estético e de identidade institucional, facilita seu armazenamento. É claro que cada um desses trabalhos acaba tendo dimensões e conteúdos totalmente diversos, mas tudo isso apresentado de maneira padronizada ajuda a leitura e respeita a identidade institucional.

No Brasil, as padronizações são chamadas NBR – Normas Técnicas Brasileiras. São publicadas pela ABNT e estão disponíveis a todos os interessados. As NBR servem de parâmetro para diversos setores, funções e instituições. Há NBR para as coisas mais variadas, desde a medição do consumo de automóveis e aparelhos eletroeletrônicos, até para citar bibliografia. Cada NBR recebe uma numeração específica. Seguir a NBR permite que *a mesma coisa* seja feita *da mesma maneira* por *diferentes pessoas*.

Vamos imaginar a medição do consumo de combustível de automóveis com a mesma cilindrada. Se cada montadora medir o consumo do seu próprio jeito, não saberemos qual carro, afinal, é o mais econômico, pois uma pode fazê-lo em maior velocidade (gastará mais) outra com menos peso (gastará menos), outra só com o motorista (gastará menos que uma outra com motorista e passageiro). O problema dessa variação toda é que perdemos os parâmetros de comparação. Por outro lado, se todas seguem uma mesma norma de maneira criteriosa, temos como comparar os resultados finais. O mesmo é válido para os trabalhos científicos: a adoção das mesmas normas facilita sua leitura e avaliação.

Vejamos o que as normas brasileiras estabelecem sobre a formatação de textos científicos.

TAMANHO DO PAPEL

As monografias, dissertações e teses devem ser impressas em papel de tamanho A-4 (210 mm x 297 mm). Trata-se do mais utilizado internacionalmente, sendo que muitos editores eletrônicos, assim como a maioria das impressoras de uso doméstico, já vêm de fábrica configurados para este tamanho de papel. Além disso, vários tipos de papel especial, como transparências, papéis próprios para impressão de gráficos e ilustrações com qualidade fotográfica, entre outros, somente são encontrados no mercado com a medida A-4.

Não se esqueça: tanto o editor de texto do computador quanto a impressora devem estar configurados para essa medida.

ÁREA DE APROVEITAMENTO DO PAPEL

Não se utiliza *toda* a área do papel para escrita e inserção de gráficos e figuras. Devem estar previstos espaços a serem ocupados pela encadernação, numeração de página, notas de rodapé etc. Assim, são estabelecidas as seguintes normas:

Tabulação padrão

São as seguintes as margens padrão: superior – 3 cm, esquerda – 3 cm, direita – 2 cm, inferior – 2 cm.

Os parágrafos padrão são estabelecidos com 2 cm de recuo especial na primeira linha. O alinhamento deve ser justificado. Os recuos do cabeçalho e do rodapé não precisam exceder 0,5 cm. Deve haver um pequeno espaçamento entre os parágrafos da ordem de 6 pontos posteriores. Entre as linhas deve haver um espaçamento padrão 1,5.

Temos, assim, como exemplo de texto padrão:

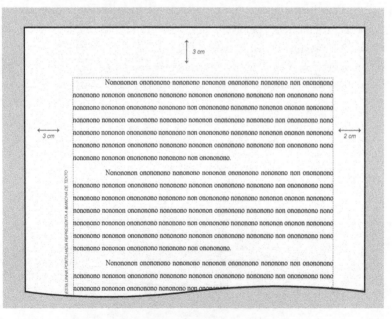

Observação: Os editores eletrônicos de texto procedem, por si mesmos, a melhor utilização da área da página, separando igualmente as palavras em cada linha e propiciando uma estética bem adequada. O digitador não deve ter a preocupação de separar as palavras ao final das linhas, utilizando hífens. Aliás, se o editor prevê essa opção, é conveniente desativá-la. Além da maior possibilidade de erro na translineação, as separações de palavras com hífens prejudicam a fluência do texto e a estética. Os hífens ao final das linhas já foram muito úteis na época da datilografia; na era da digitação, são quase que totalmente dispensáveis.

Tabulação da citação

As citações de mais de três linhas (longas) são transcritas em bloco com recuo de 4 cm da margem esquerda padrão, não havendo recuo para parágrafo. O alinhamento é justificado, mas há alterações nas fontes, como veremos na seção "Estilo da fonte padrão nas citações".

Para formatar a citação, proceda da mesma forma que para o parágrafo padrão, apenas alterando os valores das margens.

Veja-se um exemplo de citação:

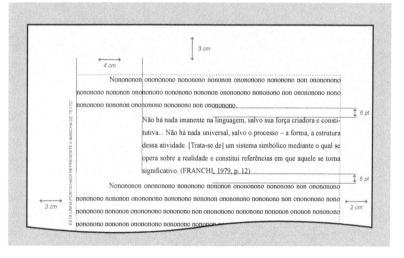

Tabulação da nota de rodapé

Nos editores eletrônicos, a tabulação das notas de rodapé é automática e será feita com base na formatação, já efetuada, das margens. Para tanto, basta localizar o cursor imediatamente após a palavra que remete à nota de rodapé e clicar no ícone "inserir nota de rodapé". Se há interesse, os editores permitem disponibilizar o botão na barra de ferramentas. A partir daí basta clicar no ícone a cada vez que se quer inserir uma nota automática.

Dica para editar notas de rodapé: Nos editores eletrônicos, para retirar uma nota de rodapé inserida ou mudá-la de lugar não se deve editar a nota propriamente dita, pois isso não elimina o campo automático "nota de rodapé". Deve-se selecionar o número de referência da nota no próprio texto (o pequeno número sobrescrito que se cria ao lado da palavra base) e:

a) usar os recursos "recortar" e "colar" para mudar a nota de lugar;
b) deletar para eliminar a nota.

Tabulação da capa

A capa segue as mesmas margens padrão. Alguns manuais estabelecem que o alinhamento superior e inferior das capas deve ser de 5 cm. O resultado estético é desastroso. Não há necessidade de alterações quanto à formatação padrão. Deve-se apenas observar que os elementos da capa são dispostos em alinhamento centralizado e diferem em estilo de fonte. Informações complementares encontram-se nas seções "Estilos das fontes na capa e na folha de rosto" e "Elementos da capa".

Tabulação da folha de rosto

A folha de rosto é a que segue imediatamente à capa. A tabulação é a mesma da capa, excetuada a vinculação do trabalho, que tem tabulação e fonte diferenciadas. Verificar itens "Estilos das fontes na capa e na folha de rosto" e "Elementos da folha de rosto".

Tabulação da ficha catalográfica

A ficha catalográfica é impressa atrás da folha de rosto. É o único elemento da monografia, dissertação ou tese que é impresso na parte de trás de uma folha, uma vez que esses documentos são somente impressos na frente das páginas. Ela segue a mesma tabulação padrão e deve ser apresentada com uma borda. A impressão da ficha catalográfica deve ocorrer na parte de baixo da página, obedecendo a margem mínima inferior de 2 cm. Os elementos que constituem a ficha catalográfica serão detalhados em subtítulo próprio. Um exemplo de ficha catalográfica:

Ficha catalográfica

Amoras, André Amaral das
A Sociedade Carioca do Século XVIII: um estudo através de folhetins literários/André Amaral das Amoras.
– Porto Velho, RO: [s.n.], 1998

Orientador: João Manuel Pereira
Tese (doutorado) – Universidade Estadual de Rondônia.

1. Sociedade Carioca. 2. Literatura Brasileira. 3. Sociologia. I. Pereira, João Manuel. II. Fundação Universidade Federal do Xuruí. III. Título.

Tabulação de sumário e índices

Os editores de texto eletrônicos possuem inserção automática de sumários e índices, desde que, para isso, sejam marcados no texto os elementos que devem servir para composição dos sumários (ou seja, os títulos) e dos índices (ou seja, palavras e figuras). Deve-se observar que os editores dão o nome de "índice analítico" aos sumários e de "índice remissivo" ao que se considera índice nas normas da ABNT, isto é: sumário é a relação de temas tratados na obra, relação constituída dos títulos e subtítulos presentes no trabalho; índice é um instrumento de localização de palavras, figuras, gráficos, exemplos etc. na obra.

Os índices e sumários automaticamente inseridos no trabalho com um editor eletrônico obedecerão à tabulação padrão predefinida.

Tabulação de agradecimentos e dedicatória

Agradecimentos e dedicatória são feitos em páginas próprias, tabulados a partir da margem inferior direita da página. Tanto os agradecimentos quanto a dedicatória devem ter textos claros e elegantes, sem excessos emocionais. O tamanho a ser ocupado na página dependerá da quantidade de agradecimentos e das palavras da dedicatória. Damos como exemplo de tabulação o esquema a seguir:

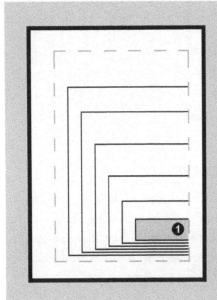

❶ O texto da dedicatória ou do agradecimento ocupará este espaço, nesta posição da página, se for pequeno. Quanto maior o texto, maior o espaço ocupado, sempre seguindo os padrões de posição e formato sucessivos aqui apresentados.

Tabulação do resumo (*abstract*, *résumé* etc.)

A tabulação do resumo depende do tamanho do texto. Em princípio, ela deve ser a mesma do texto padrão, excetuado o fato de que o título é centralizado na página. Entretanto, se o resumo tiver um tamanho muito pequeno, o texto deve ser centralizado em relação às margens superior e inferior, como no esquema seguinte (aqui, você verá apenas a posição do resumo na página; adiante, ofereceremos um exemplo de texto de resumo):

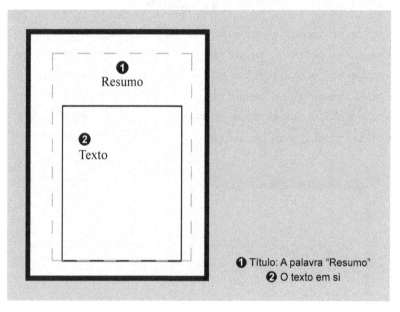

❶ Título: A palavra "Resumo"
❷ O texto em si

Tabulação da página de avaliação

É a mesma do texto padrão, observando que: o texto de aceitação tem alinhamento justificado; local, data e nome do(a) coordenador(a) têm alinhamento direito; o título "Banca Examinadora" tem alinhamento centralizado; e os nomes dos membros da banca examinadora têm alinhamento esquerdo.

Tabulação da tabela de abreviaturas

Utiliza-se para a tabela de abreviaturas o mesmo princípio estético utilizado no resumo.

Tabulação da numeração das páginas

Os editores eletrônicos possuem sistema de inserção de numeração de páginas automático para cabeçalho ou rodapé. Os números devem ser posicionados no cabeçalho à direita da página. Atenção às páginas que são numeradas e às que não são, conforme explicado no item "Estilo da fonte padrão na numeração das páginas".

Tabulação de tabelas, figuras e gráficos

É difícil definir uma tabulação padrão para tabelas e figuras, pois seu tamanho depende do conteúdo de cada um desses elementos. De qualquer forma, tanto tabelas, quanto figuras e gráficos não devem exceder as margens padrão da página conforme definido no item "Tabulação padrão".

Caso a tabela, o gráfico ou a figura não venha a ocupar todo o espaço disponível pelas margens formatadas, deve-se proceder à centralização do elemento na página em relação às margens definidas. Observar também as normas estabelecidas sobre o tamanho das fontes utilizadas na seção "Tamanhos das fontes".

Quanto ao título, que deve ser o mais completo possível, observe que deve vir *acima* de uma tabela e *abaixo* para as demais ilustrações, precedido das palavras *tabela*, *quadro*, *mapa* ou outra e de seu número de ordem no texto, em algarismos arábicos.

Em uma tabela, deve vir sempre indicada no seu rodapé a fonte de onde foram tiradas as informações, precedida da palavra *fonte*.

Observe que, em uma tabela, as colunas e as linhas não são separadas por fios verticais e horizontais, apesar de não ser prático para a visualização, diferentemente dos quadros (ver modelos). Só há separação (opcional) nos títulos das colunas das tabelas.

Tabela 1 – Corpo docente da Universidade Federal do Xuruí – Campus 1

Titulação	Nº	%
Especialização	03	17,64
Mestrado	07	41,17
Doutorado	07	41,17
Total	17	100,00

Fonte: Unix/Secretaria Direção/GM, junho 2005.

Tabela 2 – Regime de trabalho do corpo docente da Universidade Federal do Xuruí – Campus 1

Reg. Trabalho \ Titulaç.	Esp.	Mestr.	Doutor.	Total
20 horas	01			01
DE	02	07	07	16
Totais	03	07	07	17

Fonte: Unix/Secretaria Direção/GM, junho 2005.

Quadro 1 – Cursos oferecidos pela Universidade Federal do Xuruí – Campus 1

Nível	Cursos oferecidos
Graduação	Letras e Literaturas Administração com opções: 1. Administração de Empresas 2. Ecoturismo
Especialização	Linguagem e Educação Supervisão Escolar
Mestrado	Linguística com uma área de concentração: Etnolinguística Descritiva

Fonte: Unix/Secretaria Direção/GM, junho 2005.

Embora esta seja a norma em relação a "tabelas" e "quadros", na prática, em função de os editores de texto chamarem os "quadros" de "tabelas", tornou-se comum essa denominação, sendo que poucas pessoas insistem em tal distinção.

Evite o quanto possível que tabelas, gráficos e figuras fiquem divididos entre páginas (uma parte em uma página e o restante em outra), pois isso dificulta a leitura e a compreensão por parte de quem utiliza o texto.

Observação: Os modernos editores de texto dispõem de aplicativos de elaboração automática de gráficos e tabelas, inclusive com recursos de formatação 3D. Muitos desses editores apresentam gráficos coloridos e multiformes. O autor do trabalho deve sentir-se à vontade para escolher, com bom senso, o gráfico e as cores que melhor se adequem ao trabalho que está sendo feito. Se o editor possui recursos para uma apresentação colorida e agradável, por que a ciência deveria opor-se a utilizá-los?

Tabulação das referências e da bibliografia

As páginas com as referências e a bibliografia consultada, até pouco tempo, utilizavam uma tabulação específica que ocupava toda a área de texto disponível na primeira linha e um recuo especial nas demais linhas, com alinhamento justificado, quase que um "parágrafo às avessas". A partir das alterações recentes na norma NBR 6023, esse alinhamento especial foi suprimido e as referências passam a ter alinhamento exclusivo à margem esquerda, sem recuo especial. Deve-se, ainda, utilizar um meio de diferenciar uma referência de outra, o que pode ser feito, simplesmente, com a adoção de um espaço entre cada uma, como nos exemplos a seguir (repare que essas referências estão no padrão Chigago, com as datas logo após os autores. No título específico sobre referências, veremos também o padrão ABNT):

DIAS, Gonçalves (1983). *Gonçalves Dias: poesia*. Organizada por Manuel Bandeira; revisão crítica de Maximiano de Carvalho e Silva. 11. ed. Rio de Janeiro: Agir. 87. 16 cm. (Nossos Clássicos, 18). Bibliografia: p. 77-78. ISBN 85-220-0002-6.

BALÉE, Wany; MOORE, Deny (1991). *Similarity and Variation in Plant Names in Five Tupi-Guarani Languages*. Bull: Florida Museum of Natural History, Biological Sciences.

CÂMARA JR., J. Mattoso (1970). *Problemas de Linguística Descritiva*. Rio de Janeiro: Vozes.

Com essa modificação, não se torna mais necessária nenhuma formatação especial de recuo para digitação das referências, bastando utilizar alinhamento esquerdo e digitar normalmente.

FONTES

O desejo de que o trabalho saia "bonito" e convença pela aparência pode levar o autor a escolher um tipo de fonte que seja exageradamente desenhado, de difícil leitura, que mais atrapalhe do que ajude o leitor na compreensão do texto. Cuidado com essa prática! Recomenda-se que a fonte seja sóbria e de fácil reconhecimento, como as do tipo Times New Roman e assemelhadas. Muitos programas de graduação e pós-graduação já definem previamente a fonte que deverá ser utilizada. Caso você tenha liberdade para escolher a fonte padrão, considere as fontes a seguir, todas de muito fácil leitura:

| Times New Roman | Zapf Calligraphy BT |
| Courier New | Caslon Bd BT |

A maioria dos editores eletrônicos já vem com essas fontes pré-instaladas, entre muitas outras. Caso o editor não possua nenhuma delas, adote como referência os traços básicos dessas fontes para escolher o tipo de letra em que será digitado o trabalho.

Nos agradecimentos, dedicatórias e título do trabalho, admite-se a utilização de uma fonte moderadamente desenhada, diferenciada, mas que permita fácil leitura, assemelhada às que seguem:

Lucida Blackletter   *Shelley Allegro*
President   Parisian BT

Para transcrições fonéticas, devem ser utilizadas fontes específicas, como as do tipo Sil Doulos IPA ou Sil Sophia IPA. Para outros símbolos e caracteres especiais, como os usados nas Ciências Exatas ou Biológicas, por exemplo, é preciso recorrer a fontes específicas que sejam as mais adequadas a cada tipo de trabalho. Na maioria das vezes, elas podem ser baixadas gratuitamente da internet em sites especializados. Não é correto proceder a adaptações de símbolos e caracteres – a menos que essa seja justamente a proposta do seu trabalho. Utilize sempre os símbolos e caracteres tradicionalmente aceitos nos meios acadêmicos, facilitando, assim, a leitura e a compreensão por parte de seus leitores.

Tamanhos das fontes

Os tamanhos a ser utilizados, caso a caso, serão apresentados na tabela a seguir.

O tamanho 26 para o título na capa e na folha de rosto pode ser um pouco menor se o título for muito extenso. O importante é observar, de forma geral e harmônica, o resultado estético da adoção de uma ou outra formatação. Quanto à numeração de páginas, as normas da ABNT recomendam um tamanho menor que o do texto; isto só será possível se o programa utilizado o permitir. Em alguns editores mais antigos, a numeração é automática e não permite mudança de formato, mas isso não é grave.

Elemento do Trabalho	Tamanho da Fonte
Texto padrão	12
Título 1	16
Título 2	14
Títulos 3, 4, 5, 6 etc.	12
Citações	10
Notas de rodapé (automático)	10
Numeração de página (automático)	10
Título na capa e na folha de rosto	26
Nome do autor na capa e na folha de rosto	14
Instituição, data e local na capa e na folha de rosto	14
Texto de vinculação do trabalho na folha de rosto	11
Nome do orientador na folha de rosto	12
Ficha catalográfica	12
Agradecimentos e dedicatórias	12
Página de avaliação	12
Referências e bibliografia	12
Dentro de tabelas, em gráficos, legendas ou exemplos diversos	Dependerá do tamanho e do formato da tabela, mas nunca inferior a 8 e nunca superior a 14.

Estilo da fonte padrão

A fonte padrão, pertencente ao estilo básico ("Normal") dos editores e escolhida como referência para todo o trabalho, deve ser a mais simples possível, isto é, sem itálico, negrito, tachados ou outros elementos que poluam a página. Os recursos de realce da fonte são reservados aos casos especiais em que é preciso destacar alguma palavra ou certo trecho do texto.

ESTILOS DAS FONTES NA CAPA E NA FOLHA DE ROSTO

Na capa e na folha de rosto são utilizados os seguintes estilos:

Elemento	Estilo
Nome do autor	Fonte padrão em negrito
Título do trabalho	Aqui há certa liberdade, sendo aceitos recursos de arte dos editores, cores, sombreados e fontes moderadamente desenhadas. O tamanho limite deve, porém, ser respeitado.
Texto de vinculação da folha de rosto	Fonte padrão simples
Nome do orientador	Fonte padrão negrito
Data e local	Fonte padrão negrito

Estilo da fonte padrão nos títulos

Os títulos e subtítulos precisam expressar, por meio dos diversos recursos de editoração disponíveis, a hierarquia existente entre eles. Chamamos de "Título 1" o título de um número, de "Título 2" o título de dois números, de "Título 3" o título de três números e assim sucessivamente.

Um "Título 1", geralmente, abre o capítulo ou um grande tópico. O "Título 2" abre cada subdivisão de um "Título 1", ou seja, "Títulos 2" indicam subdivisões do "Título 1". O "Título 3" abre cada subdivisão de um "Título 2", ou seja, "Títulos 3" indicam as partes de um "Título 2" e assim por diante. Repare no exemplo:

1   O Sistema Educacional Paulista (Título 1, mais geral)
   1.1 Escolas Estaduais (Título 2, subdivisão do Título 1)
   1.2 Escolas Municipais (Título 2, subdivisão do Título 1)
   1.3 Escolas Privadas (Título 2, subdivisão do Título 1)
      1.3.1 Escolas de Educação Básica (Título 3, subdivisão do Título 2)
      1.3.2 Escolas de Artes (Título 3, subdivisão do Título 2)
      1.3.3 Escolas de Prática Desportiva (Título 3, subdivisão do Título 2)

Todos os títulos devem utilizar a mesma fonte padrão escolhida para o trabalho. Observe a formatação na tabela a seguir:

Título	Estilo
Título do trabalho	De acordo com o recurso de arte escolhido, em tamanho 28.
Título 1	***FONTE PADRÃO, TAMANHO 16, NEGRITO, ITÁLICO, TODAS MAIÚSCULAS***
Título 2	***FONTE PADRÃO, TAMANHO 14, NEGRITO ITÁLICO, CAIXA ALTA (VERSALETE)***
Título 3	*Fonte padrão, tamanho 12, negrito itálico*
Título 4	**Fonte padrão, tamanho 12, negrito**
Títulos 5, 6, 7 etc.	*Fonte padrão, tamanho 12, itálico*

Não esqueça que os títulos são sempre alinhados à esquerda, utilizando toda a área disponível dentro da tabulação padrão (formatação justificada). Todo "Título 1" inaugura uma nova seção do trabalho, devendo ocorrer em nova página e sempre coincidindo com a linha superior definida pela margem formatada. O mesmo não ocorre com os demais títulos.

Dica sobre títulos: Se o computador é constantemente utilizado para elaboração de trabalhos científicos é conveniente que a formatação dos títulos seja gravada permanentemente na memória. Para isso, basta que, no processo de programação da formatação, conforme descrito acima, sejam selecionadas a opções "Adicionar ao modelo" ou "Definir como padrão", conforme o editor utilizado.

Estilo da fonte padrão nas citações

As citações longas, transcritas em bloco, são feitas no estilo padrão do texto (não se usa mais deixá-las em itálico), em tamanho 10, e não devem vir entre aspas. Somente as citações curtas, que vêm no corpo do texto principal, são apresentadas entre aspas. Observe a tabulação especial conforme descrita no item "Tabulação da citação".

Nas citações curtas, a fonte será a mesma utilizada como padrão do próprio texto, observada a obrigatoriedade das aspas (também não é em itálico). Os especialistas, em geral, chamam de citações curtas as que ocupam um máximo de três linhas. Na verdade, esse é um critério muito subjetivo. A forma como a citação vai ser apresentada (se no corpo do texto, se em destaque) depende muito mais do objetivo do autor em apresentá-la e do grau de destaque que quer dar a ela.

Se no interior de um trecho citado há aspas, elas devem ser deixadas. Não há nenhuma regra gramatical e nenhum estatuto lógico que desabone o uso de aspas "dentro" de aspas. Entretanto, há quem prefira o recurso de empregar aspas simples dentro de aspas duplas.

A citação deve ser transcrita como no texto original, sem qualquer correção. Se for detectado algum erro, acrescentar logo após o erro a palavra latina *sic* entre parênteses para deixar claro que estava assim no original (NBR 12256).

Quando for o caso, utilizar as expressões "informação verbal" ou "em fase de elaboração", entre parênteses, colocando-se em nota de rodapé os dados disponíveis.

Quando o autor do trabalho faz a tradução de um texto, deve usar a expressão "tradução nossa", entre parênteses, após a chamada da citação.

Estilo da fonte padrão nas notas de rodapé

A maioria dos editores eletrônicos já formata automaticamente o estilo ao inserir-se uma nota de rodapé. Se o editor não o fizer, porém, deve-se seguir o seguinte estilo: fonte padrão, tamanho 10, sem negrito ou itálico.

Estilos das fontes nos agradecimentos e na dedicatória

Nos agradecimentos e na dedicatória é permitida a utilização de uma fonte moderadamente desenhada (que pode estar ou não em negrito e itálico, dependendo da fonte e se estes recursos dificultam ou facilitam a leitura do texto).

Estilo da fonte padrão no resumo (*abstract*, *résumé* etc.)

O título "Resumo" é considerado "Título 1" e segue a mesma formatação dos demais. O texto é formatado em fonte e estilo padrão.

Estilo da fonte padrão na página de avaliação

A fonte utilizada na página de avaliação é a padrão simples, exceto nos nomes dos membros da banca avaliadora e do(a) coordenador(a) do curso, estes com fonte em negrito.

Estilo da fonte padrão na tabela de abreviaturas

O título "Tabela de Abreviaturas" é considerado um "Título 1". A tabela deve ser formatada para fonte padrão simples.

Estilo da fonte padrão na numeração das páginas

Os estilos de numeração automática são predefinidos pelo editor eletrônico.[1] Em alguns, como dissemos anteriormente, é possível formatar essa numeração, em outros, não o é. Caso não seja possível inserir a numeração automática e formatá-la, a tabulação deve ser a definida no item "Tabulação da numeração das páginas", a fonte padrão simples e o tamanho 10. Entretanto, observe que nem todas as páginas são numeradas (NBR 14724). Vejamos:

a) todas as páginas são contadas para efeito de numeração, mas nem todas elas são numeradas; somente os elementos textuais e os pós-textuais recebem numeração;
b) a numeração, que deve ser feita em algarismos hindu-arábicos, começa a aparecer na segunda página da introdução;
c) a primeira página de cada seção não é numerada.

A numeração das páginas de uma monografia nos editores eletrônicos exige atenção especial e sugerimos que seja efetuada sempre como o último item formatado, para evitar que o editor fique constantemente interrompendo o trabalho para "repaginação automática".

Deve-se sempre dividir o trabalho em "seções", pois essa divisão, que corresponde aos capítulos, garantirá a possibilidade de ter a primeira página de cada capítulo sem numeração.

Outro recurso que pode ser utilizado (e que muitas pessoas consideram mais seguro) é digitar os capítulos separadamente, constituindo arquivos independentes no editor de textos. Isso pode evitar que o trabalho, na forma de um arquivo único, seja perdido de uma só vez caso ocorra algum problema com esse arquivo. No caso da inserção da numeração em arquivos diferentes, basta indicar o número inicial (da primeira página) a ser seguido pelo editor de textos.

Observação sobre digitação de capítulos em separado: Ao digitar separadamente os capítulos, a numeração automática das notas de rodapé iniciará em "1" a cada novo capítulo, diferentemente do que acontece quando se tem um arquivo único em que as notas vão de "1" a "n" sem interrupções. Essa divisão não constitui um problema metodológico. Muitos autores optam deliberadamente pelas notas que se iniciam em "1" a cada capítulo em seus trabalhos, evitando as numerações muito elevadas do tipo "nota de rodapé [299]".

Estilo da fonte padrão para referências e bibliografia

Quando a referência ocorrer na nota de rodapé, ela será grafada com a mesma fonte padrão automática da nota de rodapé, mas em tamanho menor. Quando ela ocorrer na parte das Referências, porém, ela segue a mesma formatação da fonte padrão do texto, inclusive com a utilização do mesmo tipo de fonte e em tamanho 12; o mesmo deve ser observado para Bibliografia Consultada.

Elementos constituintes e ordem das seções

ORDEM DAS SEÇÕES

As monografias, teses e dissertações são constituídas pelas seguintes seções, aqui em suas respectivas ordens de apresentação (nesta tabela, as células preenchidas indicam que a seção não ocorre no tipo de trabalho; (op.) significa que se trata de seção opcional):

Elementos	Ordem	Monografia	Dissertação de mestrado	Tese de doutorado
Pré-textuais	1ª	Capa	Capa	Capa
	2ª	Folha de rosto	Folha de rosto	Folha de rosto
	3ª	Errata (se houver)	Errata (se houver)	Errata (se houver)
	4ª	Ficha catalográfica (op.)	Ficha catalográfica	Ficha catalográfica
	5ª	Página de avaliação	Página de avaliação	Página de avaliação
	6ª	Agradecimentos (op.)	Agradecimentos (op.)	Agradecimentos (op.)
	7ª	Dedicatória (op.)	Dedicatória (op.)	Dedicatória (op.)
	8ª	Epígrafe (op.)	Epígrafe (op.)	Epígrafe (op.)
	9ª	Resumo	Resumo	Resumo
	10ª	–	Abstract	Abstract
	11ª	–	–	Resumo na terceira língua de opção do autor
	12ª	Lista de ilustrações (se houver)	Lista de ilustrações (se houver)	Lista de ilustrações (se houver)
	13ª	Lista de tabelas (se houver)	Lista de tabelas (se houver)	Lista de tabelas (se houver)
	14ª	Lista de abreviaturas e siglas (se houver)	Lista de abreviaturas e siglas (se houver)	Lista de abreviaturas e siglas (se houver)
	15ª	Lista de símbolos (se houver)	Lista de símbolos (se houver)	Lista de símbolos (se houver)
	16ª	Sumário	Sumário	Sumário
Textuais	17ª	Introdução	Introdução	Introdução
	18ª	Capítulos	Capítulos	Capítulos
	19ª	Conclusão	Conclusão	Conclusão
Pós-textuais	20ª	Referências	Referências	Referências
	21ª	Bibliografia (op.)	Bibliografia (op.)	Bibliografia (op.)
	22ª	Glossário (se houver)	Glossário (se houver)	Glossário (se houver)
	23ª	Apêndice (se houver)	Apêndice (se houver)	Apêndice (se houver)
	24ª	Anexos (se houver)	Anexos (se houver)	Anexos (se houver)
	25ª	Índice (op.)	Índice (op.)	Índice (op.)
	26ª	Capa	Capa	Capa

ELEMENTOS DA CAPA

A capa é composta pelos seguintes elementos (NBR 14724 e NBR 10719):
a) nome do autor;
b) título da obra;
c) subtítulo (se houver);
d) número do volume (se houver mais de um; deve estar centralizado e indicado o número correspondente a cada volume em cada capa);
e) nome da instituição, local e ano de entrega do trabalho.

A tabulação desses elementos é dada no item "Tabulação da capa" deste capítulo. Vejamos, a seguir, um exemplo de capa. Observe que a capa de uma monografia dissertação ou tese se diferencia da capa do projeto científico. Ainda, deve-se verificar junto ao programa que você cursa se há especificidades metodológicas do próprio programa que exijam mudanças nesse padrão aqui apresentado:

André Amaral das Amoras

A SOCIEDADE CARIOCA DO SÉCULO XVIII: UM ESTUDO ATRAVÉS DE FOLHETINS LITERÁRIOS

UNIX
Instituto de Filosofia e Sociologia
1998

❶ Autor
❷ Título
❸ Instituição e data

ELEMENTOS DA LOMBADA

Quando o trabalho for encadernado com capa dura, devem constar as seguintes informações na lombada: nome do autor e título do trabalho impressos no sentido longitudinal, e, se o trabalho tiver mais de um volume, os elementos numéricos de identificação.

ELEMENTOS DA FOLHA DE ROSTO

A folha de rosto é composta pelos seguintes elementos:
a) nome do autor;
b) título da obra;
c) texto de vinculação;
d) nome do orientador;
e) instituição, local e data.

Os textos de vinculação diferem de trabalho para trabalho. Apresentamos aqui exemplos dos textos para cada tipo:

a) Monografia apresentada ao Curso de Graduação em Letras do Campus 1 da Universidade Federal do Xuruí como requisito final para obtenção do Grau de Licenciatura Plena.

b) Dissertação apresentada ao Curso de Mestrado em Sociologia do Campus 1 da Universidade Federal do Xuruí como requisito final para obtenção do título de Mestre em Sociologia.

c) Tese apresentada ao Curso de Doutorado em Sociologia do Campus 1 da Universidade Federal do Xuruí como requisito final para obtenção do título de Doutor em Sociologia.

Vejamos, a seguir, um exemplo de folha de rosto.

André Amaral das Amoras

❶

❷

A SOCIEDADE CARIOCA DO SÉCULO XVIII: UM ESTUDO ATRAVÉS DE FOLHETINS LITERÁRIOS

❸

Dissertação apresentada ao programa de Mestrado em Sociologia da Fundação Universidade Federal do Xuruí, como requisito final para obtenção do título de Mestre.

❹ **Orientador**: João Manoel Pereira

❺

UNIX
Instituto de Letras e Literatura
1998

❶ Autor
❷ Título
❸ Texto de vinculação
❹ Orientador
❺ Instituição, local e data

ELEMENTOS DA ERRATA

Se for detectado algum erro após a impressão do trabalho, sem que haja tempo suficiente para sua correção antes da entrega à banca avaliadora, faça uma errata que poderá ser apresentada em folha avulsa ou encartada. Um exemplo:

ERRATA			
Folha	Linha	Onde se lê	Leia-se
30	15	mais	mas
52	08	pasta	parta
80	22	tras	traz
100	10	a página, é	a página é

ELEMENTOS DA FICHA CATALOGRÁFICA

Os elementos que compõem a ficha catalográfica são os seguintes, por linha:
a) sobrenome e prenome do autor;
b) título da obra seguido do prenome e sobrenome do autor;
c) cidade, unidade da federação, [s.n.], data;
d) nome do orientador;
e) tipo do trabalho, instituição, unidade ou subunidade;
f) palavras-chave (*unitermos, keywords, mots-clés*) em número de três, numerados com algarismos hindu-arábicos; nome do orientador, nome da instituição e da unidade ou subunidade e a palavra "Título", numerados com algarismos romanos.

Um exemplo de ficha catalográfica é dado no item "Tabulação da ficha catalográfica".

ELEMENTOS DA PÁGINA DE AVALIAÇÃO

A página de avaliação é composta pelos seguintes elementos:
a) texto de aceitação;
b) local e data;
c) nome do(a) coordenador(a) do curso com linha para assinatura;
d) o título "Banca Examinadora";
e) nome do orientador e presidente da banca e relação dos nomes dos demais membros da banca examinadora em ordem alfabética (titulares seguidos de suplentes) com espaço para assinatura.

Os textos de aceitação diferem de um tipo de trabalho para outro, sendo aqui apresentados três exemplos, um para cada tipo:

a) Esta monografia foi julgada suficiente como um dos requisitos para obtenção da Graduação em Letras e aprovada em sua forma final pelo Curso de Licenciatura Plena em Letras, habilitação em Português e Respectivas Literaturas, do Campus 1 da Universidade Federal do Xuruí.

b) Esta dissertação foi julgada suficiente como um dos requisitos para obtenção do título de Mestre em Sociologia e aprovada em sua forma final pelo programa de Pós-Graduação em Sociologia do Campus 1 da Universidade Federal do Xuruí.

c) Esta tese foi julgada suficiente como um dos requisitos para obtenção do título de Doutor em Sociologia e aprovada em sua forma final pelo programa de Pós-Graduação em Sociologia do Campus 1 da Universidade Federal do Xuruí.

Vejamos, a seguir, um exemplo de página de avaliação.

Esta tese foi julgada suficiente como um dos requisitos para obtenção do título de Mestre em Sociologia e aprovada em sua forma final pelo programa de Pós-Graduação em Sociologia da Fundação Universidade Federal do Xurui.

Guajará-Mirim, 31 de fevereiro de 1998.

❷

Dra. Joaquina Pereira Moreira
Coordenadora dos Cursos de Pós-Graduação em Sociologia

❸

❹
<u>BANCA EXAMINADORA</u>

❺

Prof. Dr. Manoel de Souza Pereira _____
Orientador e Presidente da Banca

Prof. Dr. Angelo José Morita _____

Prof. Dr. Carlos Santos de Morais _____

Prof. Dr. Valdir Vitório Silva_____

Prof. Dr. Washington Ferreira Neto _____

Profa. Dra. Antonina Maria Silva (Suplente) _____

❶ Texto de aceitação
❷ Local e data
❸ Responsável pelo programa
❹ Título: "Banca examinadora"
❺ Nomes dos membros da banca, iniciando pelo orientador, que será sempre o presidente da banca

ELEMENTOS DA FOLHA DE AGRADECIMENTOS

Há a tendência natural de fazer dos agradecimentos uma seção em que se exagera na quantidade de nomes e elogios. A tradição acadêmica pede comedimento ao autor de um trabalho científico. Os agradecimentos devem ser feitos a todas as pessoas quantas mereçam a gratidão do autor, mas de forma elegante e parcimoniosa. Assim, embora vivamos em um país de forte tradição religiosa e de vínculos familiares quase sempre exaltados, nessa hora, o bom senso diz que devemos deixar certas pessoas e divindades de fora da lista de agradecimentos. (Podemos agradecê-las em particular ou na igreja, ou quem sabe até mandar um presente, depois de concluído o trabalho.) No texto científico, o fundamental é listar apenas aqueles que nos auxiliaram concretamente na pesquisa e na elaboração do trabalho, tais como agências financiadoras (muitas vezes isso é obrigatório), pessoas que nos forneceram informações pilares, pessoas que colaboraram na revisão ou na própria redação final do texto, enfim, os que tiveram participação efetiva no fazer científico.

ELEMENTOS DA FOLHA DE DEDICATÓRIA

Vale a mesma orientação básica dada para os agradecimentos.

EPÍGRAFE

Epígrafe não é um mero enfeite, mas sim uma citação (com indicação de autoria) e deve ser sempre relacionada com a matéria tratada no corpo do trabalho (ABNT, 2002c, p. 2). É um elemento opcional que vem após a dedicatória, podendo aparecer, também, nas folhas de abertura de todas as seções do trabalho.

A escolha da epígrafe não é tarefa fácil, contudo. Não basta eleger uma frase bonita, poética ou de grande efeito, pois ela deve ter o poder de condensar ideias desenvolvidas em seu trabalho, destacar sua essência. É aconselhável deixar essa escolha para o final do processo de redação do trabalho. Nesse momento, muitos alunos e pesquisadores acabam reconhecendo que não encontraram nenhuma epígrafe suficientemente adequada. É uma decisão acertada, nesse caso, deixar o trabalho sem epígrafe. Uma epígrafe bem escolhida demonstra erudição, mas uma inadequada prejudica a avaliação e desmerece o trabalho.

ELEMENTOS DO RESUMO (*ABSTRACT, RÉSUMÉ* ETC.)

Esta seção, em qualquer língua que seja, deve conter, de forma clara, concisa e inteligível, apenas a essência do que se quer expor: objetivos, metodologia, resultados e conclusões. É, provavelmente, uma das seções de mais difícil redação, pois exige que cada palavra seja medida em seu exato valor e utilizada com objetividade ímpar.

O título "Resumo" deve vir centralizado na página, em caixa alta, negrito e tamanho 16.

Algumas recomendações da NBR 6028 para a apresentação do resumo:

a) deve ser redigido em um único parágrafo, em espaço simples de entrelinhas;
b) utilizar, no máximo, 500 palavras para teses e dissertações e 250 para monografias e outros trabalhos acadêmicos;
c) usar, preferencialmente, a terceira pessoa do singular e o verbo na voz ativa;
d) o assunto tratado deve estar claro na primeira frase do resumo e situado no tempo e no espaço;
e) deve ser seguido de palavras-chave;
f) pode ser precedido da respectiva referência bibliográfica; não é elemento obrigatório.

Vejamos um exemplo de resumo de uma dissertação de mestrado na área de História Social em que a autora usou a imprensa feminina como fonte para estudar as relações entre homens e mulheres no Brasil dos Anos Dourados.

Virando as páginas, revendo as mulheres: relações homem-mulher e revistas femininas, 1945-1964.[2]

RESUMO

Virando as páginas, revendo as mulheres estuda as mudanças e permanências nas relações homem-mulher, sob a ótica de gênero, nas classes médias urbanas no período de 1945 a 1964, a partir de revistas da época: *Jornal das Moças, Claudia, Querida* e *O Cruzeiro* (seções femininas). Analisando as representações do feminino e do masculino, o trabalho retrata as normas de comportamento e as ideias dominantes sobre a natureza dos sexos, os papéis atribuídos a homens e mulheres na sociedade, a moral sexual, o namoro e o casamento, a família, a juventude e a participação feminina no mercado de trabalho. Investiga a construção social de estereótipos como "a boa mãe", "a boa esposa", "a rainha do lar", "a moça de família", "o bom partido", "a leviana – com quem os rapazes namoram, mas não se casam", "a outra". Discute o ideal de "felicidade conjugal" e revela tensões, insatisfações, conflitos e jogos de poder presentes nos relacionamentos entre homens e mulheres e entre gerações diferentes. Percebe as revistas femininas como espaço de reprodução e reforço das relações de gênero dominantes, mas também como locais de construção dessas relações num constante diálogo com o seu tempo. (Como parte de um contexto histórico, as revistas estudadas procuram atuar na medida do possível sem transformar os fundamentos das relações de poder existentes na sociedade. Entretanto, podem abrir brechas a novas possibilidades, incorporando ou permitindo reformulações nos significados de gênero.) O trabalho revela algumas das formas de reprodução das hierarquias de gênero assim como as possibilidades de contestação de representações da diferença sexual que surgem com as transformações econômicas e culturais do período no Brasil. Destaca também a ação de sujeitos históricos que, com ideias diferenciadas e ousadias, ajudaram a reformular os significados de gênero em sua época. Enfim, *Virando as páginas, revendo as mulheres* contribui para demonstrar a historicidade das representações da diferença sexual, retratando determinações e possibilidades de um momento histórico determinado e suas transformações.

Palavras-chave
gênero – mulheres – família – 1945-1964 – revistas femininas – sexualidade – história

Como mais um exemplo, vejamos o resumo de uma tese de doutorado na área de Fitopatologia, em que a autora identificou e clonou, por meio de uma determinada técnica (PCR), genes homólogos a genes de resistência a doenças em plantas de repolho e milho (estas plantas aparecem no texto com seus nomes científicos).

Clonagem e caracterização genética de locos homólogos a genes de resistência em Brassica oleracea L. e Zea mays L.[3]

RESUMO

O presente trabalho teve por objetivo identificar fragmentos homólogos a genes de resistência em *Brassica oleracea* e *Zea mays*, por meio da amplificação por PCR, utilizando oligonucleotídeos homólogos a regiões conservadas de genes de resistência de plantas. Em *B. oleracea*, os oligonucleotídeos foram desenhados com base na sequência de um gene homólogo ao RPS2 de *Arabidopsis thaliana* descrito em *B. oleracea*. Um fragmento de 2,5 Kb foi amplificado em duas linhagens. Os fragmentos amplificados apresentaram polimorfismo de comprimento entre as linhagens, gerando um marcador molecular. Este marcador foi utilizado em uma população F2 segregante para resistência a *Xanthomonas campestris pv. campestris* oriunda do cruzamento entre as linhagens BI-16 e Lc201. O marcador, no entanto, não se apresentou ligado a nenhum gene de resistência a este patógeno. A análise da expressão por meio de RT-PCR detectou a expressão do fragmento homólogo nas linhagens resistente e suscetível de *B. oleracea* com e sem inoculação, indicando que o gene é expresso constitutivamente. Em *Z. mays*, oligonucleotídeos sintetizados com base em sequências de milho homólogas a genes de resistência, denominadas Pics, e a ESTs de milho, também homólogos a genes de resistência, foram utilizados para amplificação em linhagens resistente e suscetível a *Exserohilum turcicum, Colletotrichum graminicola* e *Phaeosphaeria maydis*. Um par de oligonucleotídeos amplificou um fragmento polimórfico entre as linhagens resistente e suscetível a *E. turcicum*. Este foi utilizado em uma população segregante, mas também não se observou ligação com o gene Ht de resistência a *E. turcicum*. Nas demais linhagens, os fragmentos foram monomórficos. Os oligonucleotídeos baseados em ESTs amplificaram fragmentos em todas as linhagens parentais. Esses fragmentos foram digeridos com enzimas de restrição, mas não apresentaram polimorfismo entre nenhuma das linhagens. Os resultados indicaram que a estratégia de utilização de sequências conservadas é eficiente para amplificação de genes homólogos. O polimorfismo entre estes homólogos pode ser usado como marcador molecular para detecção de genes de interesse. Todavia, nem sempre estes marcadores estão ligados a esses genes.

Palavras-chave
genes – linhagens – vegetais – marcador genético – milho – repolho – oligonucleotídeos – podridão (doença de planta) – polimorfismo

ELEMENTOS DA LISTA DE ILUSTRAÇÕES E DA LISTA DE TABELAS

Estas listas fazem a relação das ilustrações (desenhos, gravuras, imagens, fotografias, gráficos) e das tabelas do texto, por ordem de aparecimento com a indicação da página onde se encontram.

Pela NBR 10719, só deve haver listas se o número de ilustrações e de tabelas for superior a cinco.

Devem vir em folhas separadas, uma para ilustrações e outra para tabelas. O título da lista deve vir centralizado na página, em caixa alta, negrito e tamanho 16.

ELEMENTOS DA LISTA DE ABREVIATURAS E SIGLAS

Esta página contém uma listagem de todas as abreviaturas e siglas utilizadas no decorrer do texto e seus respectivos significados.

As siglas e abreviaturas devem ser apresentadas em ordem alfabética, "seguidas das palavras ou expressões correspondentes grafadas por extenso" (ABNT, 2002c, p. 4).

O título da lista deve vir centralizado na página, em caixa alta, negrito e tamanho 16. As siglas e abreviaturas não devem ser apresentadas em quadro. Vejamos o exemplo de uma lista de abreviaturas e siglas de um trabalho de Linguística Descritiva:

LISTA DE ABREVIATURAS E SIGLAS

APO = lexema conectivo apontativo (/paː/)
ASP = outros lexemas têmporo-aspectuais cujo significado não possa ser precisado no enunciado (/pʷiː/)
ATV = lexema conectivo da voz ativa (/naː/ = /niː/)
CAU = lexema aspectual causativo (/ɾiː/)
CON = continuativo (/ɛː/)
DET = lexema conectivo determinativo (/iː/ = /aː/ = /jiː/)
ABNT = Associação Brasileira de Normas Técnicas
Capes = Coordenação de Aperfeiçoamento de Pessoal de Nível Superior
CNPq = Conselho Nacional de Desenvolvimento Científico e Tecnológico.

LISTA DE SÍMBOLOS

Essa página deve conter uma listagem de todos os símbolos utilizados no decorrer do texto e seus respectivos significados. É claro que essa lista só deve ser incluída se houver necessidade.

O título da lista deve vir centralizado na página, em caixa alta, negrito e tamanho 16. Os símbolos não devem ser apresentados em quadro. Vejamos como exemplo uma lista de símbolos usados em um trabalho[4] de Lógica Formal:

LISTA DE SÍMBOLOS

Símbolo	"Nome" do símbolo e sentido na formulação lógica
$\in$	"Pertence": utilizado para indicar que um elemento especificado pertence a um conjunto.
$\notin$	"Não pertence": utilizado para indicar que um elemento dado não pertence a um conjunto.
$\subset$	"Está contido": utilizado para indicar a inclusão de um subconjunto especificado em um conjunto igualmente definido.
$\supset$	"Contém": utilizado para indicar que um conjunto dado contém um subconjunto definido. É também utilizado para indicar "implicação".
$\cup$	"União": utilizado para indicar a operação de união entre conjuntos.
$\cap$	"Interseção": utilizado para indicar a operação de interseção entre conjuntos.
$=$	"Igualdade": indica a igualdade de propriedades nas relações entre conjuntos ou elementos.
$\exists$	"Quantificador existencial": indica a existência de um elemento ou conjunto individualmente considerados em suas propriedades.
$\forall$	"Quantificador universal": indica a existência de uma classe universal de elementos.

∨	"Disjunção": indica a operação de disjunção (em muitos casos, pode ser traduzida pelo operador português "ou").
∧	"Conjunção": indica a operação de conjunção (em muitos casos, pode ser traduzida pelo operador português "e").
f	"Função": indica funções operadas entre conjuntos ou elementos.
→	"Implicação": indica a implicação obrigatória de x a partir de y.
↔	"Equivalência": indica a condição circunstancial de equivalência entre dois conjuntos ou elementos em uma operação. Alguns manuais utilizam o símbolo º, outros utilizam $\supseteq_c$.
~	"Negação": nega uma propriedade ou conjunto de propriedades para um conjunto ou elemento especificado.
{ }, [ ], ( )	"Chaves", "colchetes" e "parênteses": indicam os limites dos conjuntos. São utilizados nesta sequência hierárquica: {[( )]}.
A,B,C...	"letras maiúsculas": nomeiam conjuntos. Alguns manuais utilizam letras gregas para esta função (a, b, d etc.)
a,b,c...	"Letras minúsculas": nomeiam elementos.

ELEMENTOS DO SUMÁRIO

Como, pela NBR 6027, entende-se por sumário a enumeração das principais divisões, seções e outras partes do trabalho, apenas os títulos dos elementos textuais e pós-textuais devem constar nele. Assim, os elementos pré-textuais não devem ser relacionados no sumário, uma vez que este deve aparecer imediatamente antes do texto.

O mínimo de níveis que se deve exibir é de três (títulos com três números). Cabe ao autor optar por exibir todos os demais níveis existentes no trabalho, fornecendo a localização de temas específicos.

Nos editores eletrônicos, a inserção de sumários é realizada automaticamente. Escolha um modelo de sumário que seja de fácil consulta e visualização. O conselho é válido tendo-se em vista existirem modelos de sumário espalhafatosos e confusos fornecidos em alguns editores de texto, que podem ser úteis em outras aplicações, mas que não são convenientes em trabalhos científicos.

ELEMENTOS DA INTRODUÇÃO, DOS CAPÍTULOS, DA CONCLUSÃO

A introdução de um trabalho deve ser, nas palavras de Clodomir Santos de Morais, importante sociólogo brasileiro de reconhecimento internacional, "um convite à dança". O conteúdo da introdução deve deixar claro qual a importância do trabalho a partir da ordenação coerente e sucinta de seus tópicos principais, com uma demonstração da progressividade do texto e de quanto vale a pena percorrer cada um de seus capítulos. Todavia não se deve apresentar *tudo* o que o texto contém, pois isso tira o sabor da leitura e da descoberta. Vale a ressalva: introdução não é resumo. Introdução é a apresentação dos fundamentos do estudo: o assunto tratado, os objetivos do estudo, as razões de sua elaboração e, se necessário, alguns outros elementos importantes para situar o tema do trabalho (NBR 14724). Como deve constituir uma síntese de caráter didático das ideias ou matérias tratadas, a introdução, em geral, é a última parte do trabalho a ser redigida.

Os capítulos devem ser dispostos de modo a desenvolver ordenada e coerentemente o tema do trabalho. O autor deve cuidar para que não se tornem repetitivos ou sem sequência lógica. Em cada capítulo, tudo o que é essencial deve ser escrito; tudo o que é supérfluo deve ser excluído.

A questão da conclusão pode ser resolvida de duas formas:
a) uma conclusão parcial por capítulo e uma conclusão geral ao final do trabalho;
b) somente uma conclusão no término do trabalho.

Ambas as formas são academicamente aceitas, sendo que a primeira corresponde mais à tradição europeia, e a segunda, à norte-americana. Há programas de instituições acadêmicas que aconselham (veja, é *conselho*, não é *norma*) ao aluno que utilize a primeira forma, pois apresenta vantagens patentes quanto à organização do texto e das ideias que se formam com sua leitura. Mas, seja a conclusão na forma (a) ou na forma (b), ela não deve ser a mera repetição do que foi dito no corpo do capítulo ou do texto todo. A conclusão deve ser o *desfecho* de toda a argumentação desenvolvida. Nela, deve constar, praticamente, uma resposta ao problema inicial lançado na introdução, uma confirmação ou não das hipóteses da pesquisa.

Podemos considerar que a conclusão está bem redigida quando ela faz sentido para quem não leu todo o trabalho, ou para quem leu, no máximo, a introdução. Por outro lado, a conclusão não deve conter dados novos, nem referências bibliográficas.

Como nenhuma pesquisa, por mais detalhada que seja, tem caráter finito, aconselha-se que, na conclusão de um trabalho acadêmico, o autor deixe claros alguns pontos que ainda merecem ser objeto de futuras pesquisas.

A *linguagem* utilizada na redação dos elementos textuais deve ser precisa, clara, objetiva, imparcial e coerente. Evite ideias preconcebidas e juízos de valor que caracterizem posições ideológicas sectárias. Quanto à impessoalidade, apesar de a maioria dos autores de manuais de redação científica referir-se a ela como obrigatória, há controvérsias em relação a isso, dependendo do tema e do trabalho realizado. Recomenda-se, pois, ater-se ao bom senso.

ELEMENTOS DAS REFERÊNCIAS E DA BIBLIOGRAFIA

As obras e os trabalhos consultados podem ser mencionados de três maneiras, basicamente:

a) **Referências** – Lista de todas as obras citadas no trabalho, mesmo que algumas delas já tenham sido citadas em forma de notas de rodapé. É a maneira mais utilizada em monografias, dissertações e teses.

b) **Bibliografia ou Bibliografia Consultada** – Compreende, além de todas as obras citadas no texto, aquelas que foram utilizadas pelo autor na construção do trabalho como fundamentação teórico-crítica, embora não tenham sido citadas explicitamente no corpo do texto.

c) **Bibliografia Comentada** – Cada livro citado aparece com um comentário do autor sobre seu conteúdo e importância. É mais utilizada para finalidades didáticas e não tem utilidade formal em monografias e afins.

O único elemento obrigatório nos textos científicos é o item "Referências", definido como um "conjunto padronizado de elementos descritivos retirados de um documento, que permite sua identificação individual" (ABNT, 2001c, p. 2). A NBR 14724 não faz menção ao elemento "Bibliografia Consultada", nem como obrigatório nem como opcional, mas a maioria dos autores que trabalha com metodologia científica recomenda a inclusão desse elemento, pois, para um trabalho científico, é importante que seu autor explicite que consultou uma gama de textos ou estudos referentes ao tema para o seu embasamento teórico-científico.

Seja qual for a maneira escolhida, as obras devem ser nomeadas em conformidade com as normas sobre referências e citações vis-

tas mais adiante no capítulo "Normas para referências e citações", observados, ainda, os seguintes aspectos:
a) As obras serão apresentadas sempre em ordem alfabética crescente baseada nos sobrenomes dos respectivos autores.

> ABERCOMBRIE, D. (1967). *Elements of General Phonetics.* Edimburgo: Edinburgh University Press.
> BOOIJ, G.; J VAN MARLE, (eds.) (1996). *Yearbook of Morphology 1995.* Dordrecht, Holanda: Kluwer Academic Publishers. 196 p.
> DELEDALLE, G. (1997). *Semiotics and Pragmatics.* Foundations of Semiotics Series, 18. Amsterdam, Holanda: John Benjamins Publishing Company.
> GREIMAS, A. J.; COURTÉS, J. (1990). *Dicionário de Semiótica.* São Paulo: Cultrix.
> SAMUEL, R. (org.) (1985). *Manual de Teoria Literária.* Petrópolis: Vozes.

b) As obras de um mesmo autor devem ser apresentadas da mais antiga para a mais recente, sendo que aquelas que são editadas no mesmo ano devem apresentar uma indiciação com letras minúsculas (a, b, c); não é necessário repetir o nome do autor a cada obra, podendo-se utilizar apenas um traço (com seis toques) para indicar a autoria repetida.

> FERRAREZI Jr., Celso (1997a). *A hipótese da interinfluência entre linguagem, pensamento e cultura.* Guajará-Mirim: WPAL/Unir, 173 p.
> _____ (1997b). A Hipótese da Interinfluência entre Linguagem, Pensamento e Cultura. *Revista do IEL*, 02: 34-44, Campinas: Edunicamp.
> _____ (1997c). *Curso de formação de alfabetizadores de adultos: fundamentos teóricos.* Guajará-Mirim: WPAL/Unir, 41 p.
> _____ (1997d). *Nas águas dos Itenês: um estudo semântico com a língua moré.* 240p. Dissertação (Mestrado). Universidade Estadual de Campinas.
> _____ (1997e). *Ouvindo as Histórias de Touá Saê: mitos e lendas da nação moré.* Guajará-Mirim: WPAL/Unir, 36 p.

> _____ (1997f). Semântica: Uma Proposta Introdutória de Releitura dos Fenômenos Básicos Pela Teoria da Otimalidade. Guajará-Mirim: WPAL/Unír, 34 p.

c) A NBR 14724 não recomenda que as obras venham numeradas já que aparecem em ordem alfabética. A numeração deve ser evitada especialmente quando o trabalho comportar notas de rodapé. (ABNT, 2002, p. 4).

GLOSSÁRIO

Glossário é a relação de palavras ou expressões técnicas de uso restrito ou de sentido obscuro (arcaísmos, expressões regionais, termos técnicos etc.) utilizadas no texto, acompanhadas das respectivas definições. É um elemento opcional e deve ser elaborado em ordem alfabética. Vejamos no exemplo transcrito a seguir alguns verbetes do glossário de um trabalho (publicado em forma de livro) da área de Psicologia intitulado *Psicanálise e linguagem*.[5]

> **Glossário**
> *Anamnese* – conjunto de informações sobre a vida clínica do paciente. No sentido psicanalítico, anamnese, isto, é, a história, tem valor de critério de cura, uma vez que o preenchimento das lacunas da história do sujeito equivale ao fim do tratamento. [...]
> *Metapsicologia* – este termo foi criado por Freud para se referir ao aspecto eminentemente teórico da psicanálise, certamente por analogia com o termo filosófico metafísica. A metapsicologia enfoca o funcionamento do aparelho psíquico simultaneamente sob três aspectos: tópico, dinâmico e econômico. [...]
> *Pulsão de Vida* – engloba as pulsões sexuais e de autoconservação e busca a união e a manutenção da vida.

É necessário observar a importância do glossário em determinados trabalhos. Por exemplo, imaginemos uma tese doutoral a respeito de um tema de grande interesse para leitores leigos. Ela será escrita com termos bastante técnicos e sofisticados, e sem muitas explicações sobre esses termos, como é próprio de trabalhos desse nível. Se seu autor, porém, elaborar um glossário com verbetes explicativos em linguagem mais simples, pode tornar a leitura do trabalho acessível a um público mais amplo.

Em alguns casos, a elaboração de um glossário se justifica por facilitar a localização do significado de uma palavra, evitando que o leitor – mesmo o mais preparado – tenha que procurá-lo no miolo do texto.

APÊNDICE

Apêndice consiste em um texto ou documento *elaborado pelo autor* a fim de complementar sua argumentação, sem prejuízo da unidade nuclear do texto (NBR 14724). Em um trabalho pode haver um ou vários apêndices. Os apêndices são identificados por letras maiúsculas consecutivas seguidas de travessão e dos respectivos títulos. Um exemplo:

> APÊNDICE A – Roteiro de entrevista.
> APÊNDICE B – Modelo de planilhas.
> APÊNDICE C – Modelo de questionário.

ANEXO

Anexo consiste em um texto ou documento *não elaborado pelo autor* que serve de fundamentação, comprovação e ilustração (NBR 14724).

Os anexos de um trabalho científico são identificados por letras maiúsculas consecutivas, travessão e pelos respectivos títulos. Exemplo:

> ANEXO A – Fotografias da comunidade indígena Ucuki-Cachoeira.
> ANEXO B – Regulamento da comunidade indígena Ucuki-Cachoeira.
> ANEXO C – Formulário de inscrição da Escola Indígena Ucuki-Cachoeira.

ÍNDICE

Índice é a lista de palavras ou frases ordenadas segundo um determinado critério, que localiza e remete para as informações contidas no texto.

A inserção de índices remissivos no trabalho é tão útil ao leitor quanto trabalhosa para o autor. Demanda muita atenção e competência, tanto na seleção das palavras que merecem estar no índice como em sua montagem.

Para fazê-lo automaticamente em um editor eletrônico, é necessário marcar como "entrada de índice" todas as palavras, as figuras, os gráficos e os exemplos que vão compô-lo. Vale notar, porém, que, embora muito útil no trabalho final, o índice não é obrigatório.

Vejamos um exemplo retirado de um trabalho (publicado em forma de livro) de autoria de F. E. Peters, sobre a história das religiões monoteístas (judaísmo, cristianismo e islamismo).[6] Esse exemplo foi escolhido de propósito para mostrar a complexidade que pode haver na montagem de um índice remissivo. Aqui, você vai ver apenas a segunda página do índice que, no livro em questão, ocupa 19 páginas!

Os monoteístas

Adriano, imperador 48, 104, 201
Adrianópolis 292
Aelia Capitolina 48
Afeganistão 236, 355
África do Norte 168-170, 176, 189,
    221, 222, 230, 238, 251,
    337-338, 340, 343, 344, 359
África romana 292-293,
    ver também África do Norte
Ágape 252
Agar 34-35, 48
Agostinho 21, 30, 164, 166,
    168-170, 191, 212, 223,
    257, 278, 293-294
Ahl al-bait (povo da casa) 330
Ahl al-sunna wa al-jamaa
    (povo de costume e da
    comunidade unida) 230
Ahmad, aquele que virá 90
Ahmadi 233
Ahriman (deus das trevas) 71
Ahura Mazda (deus da luz) 71
Aisha, esposa de Maomé 143, 328
Aiúbida(s) 341
Ajudantes (Ansar) 131, 135, 138-139,
    146, 314, 323, 328
Akbar, sultão 192
Akiva, rabino 109-110
Alá (Allah) 40-43, 118, 358,
    ver também Filhas de Alá
Alamut 339
Alawitas 232
Albânia, albaneses 185
Albigenses 214-216, 264
Alcorão 29-50, 71-72, 89-91, 100,
    115-117, 122-125, 133, 154-155,
    172, 185, 188, 204, 225,
    227-228, 284, 314, 354
    ver também Tradução do Alcorão
Aleixo Ângelo 266
Alemanha 239-240, 250, 345
Alexandre III, papa 256
Alexandre V, papa 272
Alexandre, o Grande 65, 286
Alexandria 65, 204, 246, 253, 258,
    261, 277, 291

Ali al-Rida, imã 232
Ali ibn Husayn (Hussein),
    xarif de Meca 151
Ali ibn Talib, califa 128, 143, 228,
    326-327, 331, 337, 346
Aliança 24, 28-42, 55, 63, 154,
    156-157, 196, 244, 245, 326
    ver também Nova Aliança
Alidismo, Álidas 230, 231
Aljamiado 222
Allah, ver Alá Alliya ("subir", voltar) 40,
    ver também Retorno,
    lei do Almoadas 176, 191, 339
Almorávidas (al-murabitun) 176,
    191, 339
Ambrósio 292-293, 303
Am-ha-aretz (povo da terra) 158
Amír ver emir Amish 280
Anã, sumo sacerdote judeu
    (filho de Anás) 100
Anabatistas 226, 279-280
Anás, sumo sacerdote judeu 81
Anastácio, imperador 294
Anástasis, igreja de 49,
    ver também Igreja
    do Santo Sepulcro
Andalus, al- 175-177, 222, 342,
    ver também Espanha
Andrônico II, imperador 267
Anjo(s) 30, 71, 145, 205
Ansar 131, ver também Ajudantes
Antigo Testamento 26, 166, 208,
    227, 288, 309
Antíoco IV Epífanes, rei 286
Anulação 317
Apocalipse, apocalíptico 72-73, 98,
    206, 288
Apócrifos 63, 80, 92
Apokalypsis (desvelamento) 72
Apolo 206
Apostasia 156, 226, 234, 356
Apóstolos 95, 105, 130, 210,
    224, 252, 257, 279,
    ver também Os Doze
Aqedah (amarração) 38

362

Apresentação gráfica dos elementos textuais, pré e pós-textuais

Como o "projeto gráfico é de responsabilidade do autor do trabalho" (ABNT, 2002c, p. 5), ou seja, como a aparência do trabalho (a disposição das partes, as fontes escolhidas, o uso de recursos gráficos etc.) é deixada a critério de quem o redige, passemos a algumas observações úteis para nortear suas escolhas.

Espaçamento:
a) Pelas normas da ABNT (NBR 14724, de agosto de 2002), deve ser adotado o espaço duplo entre as linhas do texto, mas muitas instituições, gozando da relativa liberdade que lhes é dada para normatizar a apresentação de trabalhos científicos, adotam espaçamento 1,5, cujo efeito estético é melhor além de economizar folhas de impressão.
b) Para notas de rodapé, resumo, referências, bibliografia consultada, legendas de ilustrações e tabelas, ficha catalográfica, citações textuais de mais de três linhas, notas na folha de rosto e de aprovação, utilize espaço simples de entrelinhas.
c) Adote dois espaços de 1,5 nas entrelinhas entre os títulos de capítulos, seções, subseções.

Apresentação das partes do texto:
a) A introdução e a conclusão não são tomadas como capítulos ou seções, uma vez que, segundo a NBR 6024, capítulos e seções são as partes de um documento "consideradas afins na exposição ordenada do assunto" (ABNT, 1989, p. 1). Dessa forma, a introdução apresenta o assunto e a conclusão conclui sobre ele.

b) O indicativo da numeração progressiva e o título das seções e subseções devem ser alinhados à esquerda e, entre eles, deve ser usado um espaçamento de dois toques, e não mais o ponto. A introdução e a conclusão não recebem numeração.
c) Os capítulos (seções primárias) devem ser iniciados em página própria, distinta do texto anterior.
d) Não deixe títulos de seções isolados no final da página.
e) Tanto a introdução quanto os capítulos e a conclusão são iniciados com um título em estilo "Título 1", definido como no item "Estilo da fonte padrão nos títulos", seguido do texto propriamente dito.

Vejamos como fica o resultado estético do alinhamento dos títulos e da aplicação do espaçamento sugeridos aqui:

INTRODUÇÃO

A história recente de invasões de terras no Brasil e a criação de assentamentos..............

1 TÍTULO UM

Veremos neste capítulo de que forma a pesquisa com História Oral deve ser desenvolvida.............

1.1 Título dois

As metodologias específicas de pesquisa podem ser divididas em três vertentes.............

1.1.2 Título três

As análises desenvolvidas demonstraram de forma inequívoca que as interferências.............

1.1.2.1 Título quatro

Quando consideramos de forma comparada as informações fornecidas pelos assentados e a versão oficial.............

CONCLUSÃO

Diante do que expusemos aqui, fica evidente que a falta de planejamento de políticas agrárias sólidas.................

REFERÊNCIAS

[Pode ser apresentada no formato "Chicago", como segue]
ECO, Umberto (1999). *Kant e o Ornitorrinco*. Trad. José Colaço Barreiros. Algés, Portugal: Difel.

[Ou no formato "ABNT", como segue]
ECO, Umberto. *Kant e o Ornitorrinco*. Trad. José Colaço Barreiros. Algés, Portugal: Difel, 1999.

BIBLIOGRAFIA CONSULTADA

[Pode ser apresentada no formato "Chicago", como segue]
CHIERCHIA, Gennaro (2003). *Semântica*. Campinas: Editora da Unicamp/Eduel.

[Ou no formato "ABNT", como segue]
CHIERCHIA, Gennaro. *Semântica*. Campinas: Editora da Unicamp/Eduel, 2003.

Notas

[1] O programa de editoração Word for Windows, parte integrante da suíte de programas MS Office, é, ainda, o mais popular editor eletrônico do Brasil. Entretanto, as plataformas abertas, como o Linux e o Unix, têm valorizado e popularizado programas gratuitos (software livre) como a suíte OpenOffice, que possui um editor de textos chamado Writer compatível com o Word e com praticamente os mesmos recursos. Há, ainda, outras plataformas e editores, mas, independentemente do editor utilizado, o responsável pela formatação do documento deve utilizar os recursos disponíveis para dar ao documento final o formato padrão aqui apresentado, uma vez que, em todos os editores, isso é possível.

[2] Dissertação de mestrado elaborada por Carla S. B. Bassanezi, sob a orientação da Profa. Dra. Laima Mesgravis, desenvolvida com o apoio da Fapesp e defendida na Faculdade de Filosofia Letras e Ciências Humanas (FFLCH) da Universidade de São Paulo (USP) em 14/05/1992.

[3] Tese de doutorado elaborada por Célia Correia Malvas, sob a orientação do Prof. Dr. Luis Eduardo Aranha Camargo, desenvolvida com o apoio da Fapesp, defendida na Escola Superior de Agricultura Luiz de Queiroz (Esalq) em 21/03/2003.

[4] Manual de trabalho em sala de aula, elaborado por Celso Ferrarezi Junior, intitulado *Princípios de Lógica Formal*, utilizado em cursos de pós-graduação em Semântica ministrados pelo autor em diversas universidades brasileiras.

[5] CASTRO, Eliana de Moura. (1992) *Psicanálise e linguagem*. São Paulo: Ática. (Série princípios).

[6] PETERS, F. E. (2007). *Os monoteístas:* judeus, cristãos e muçulmanos. v. I: os povos de Deus. São Paulo: Contexto.

Normas para referências e citações

Há duas formas aceitas hoje no Brasil para a apresentação de referências bibliográficas em trabalhos acadêmicos: ABNT (data ao final) e Chicago (autor-data). Como o leitor deve ter visto, as normas que pautam as referências feitas neste livro seguem as recentes alterações na NBR 6023 sobre procedimentos quanto à apresentação das referências sobre todos os elementos exceto a *autoria* e a *data*, que seguem o padrão Chicago. Essa opção não é arbitrária, ela leva em conta os padrões internacionais mais utilizados, que facilitam tanto a referenciação como a identificação de várias obras de um mesmo autor em uma Bibliografia completa, por exemplo.

Porém, antes de adotar esse modelo, procure saber se o programa que você cursa obriga a utilização do padrão ABNT. Nesse caso, você deve deslocar a data para o final da referência. Vejamos a diferença entre essas duas formas de referenciar:

- **Norma ABNT (data ao final da referência):**

  CÂMARA Jr., J. Mattoso. *Problemas de linguística descritiva*. Petrópolis: Vozes, 1970.

- **Norma Chicago (data após o nome do autor):**

  CÂMARA Jr., J. Mattoso (1970). *Problemas de linguística descritiva*. Petrópolis: Vozes.

De um modo ou de outro, as referências devem vir obrigatoriamente alinhadas à esquerda e de forma a permitir a identificação imediata de cada documento.

Procuramos registrar, neste capítulo, o que mais interessa para editoração de artigos, monografias, dissertações e teses. Vejamos, então, as regras a ser seguidas na referenciação das fontes de pesquisa.

Referência padrão de livro

A referência padrão de livro é constituída pelos seguintes elementos, na ordem apresentada e com a formatação assim definida:

a) sobrenome do autor, todo em letras maiúsculas, seguido de vírgula;

b) prenome(s) do autor somente com inicial maiúscula seguida de ponto final ou por extenso sem o ponto final, se assim aparecer na obra;

    b.1) se o autor for organizador ou coordenador da obra, deve-se seguir ao seu nome, entre parênteses, a forma (org.) ou a forma (coord.) conforme o caso:

> SAMUEL, R. (org.) (1985). *Manual de teoria literária*. Petrópolis: Vozes. 155 p.

    b.2) se houver mais de um autor, segue-se as seguintes normas:

        b.2.1) quando a obra tem até três autores, todos devem ser citados na entrada, na ordem em que aparecem na obra. Antigamente, usava-se "&" para intercalar os autores. As normas atuais pedem o uso de ponto e vírgula, como no exemplo:

> MATA, Evaldo; SANTOS, Paulo; SARAIVA, João C.

b.2.2) quando houver mais de três autores, usa-se a forma "et alii" (ou "et al.", segundo a forma prevista na atualização da NBR 6023) após o nome de até três autores, na ordem em que aparecem no livro, como nos exemplos:

> MATA, Evaldo et alii.   ou   MATA, Evaldo et al.

b.2.3) quando o autor é uma entidade ou instituição, todo o nome vem em maiúsculas, seguido do órgão superior entre parênteses, como no exemplo:

> BIBLIOTECA NACIONAL (Brasil) (1994).

b.2.4) quando o autor é uma entidade coletiva de denominação genérica, seu nome vem em minúsculas e é precedido pelo órgão superior, como no exemplo:

> BRASIL, Ministério da Cultura (1996).

Observe-se que, neste caso, o autor é "Brasil, Ministério da Cultura".
O mesmo padrão é utilizado em portarias, leis e decretos:

> BRASIL, Ministério da Cultura (1997). Portaria n. 255.

b.2.5) Em caso de autoria desconhecida, a entrada da referência é feita pelo título.

> OS PERIGOS do uso de tóxicos.

c) data da primeira publicação do livro entre parênteses, seguida de ponto final;

   c.1) quando no livro se apresenta a data da primeira publicação, mas a versão utilizada é uma edição atual, especificar as duas datas separadas por uma vírgula, entre os parênteses, como no exemplo:

> MATA, Evaldo (1921, 1998).

   c.2) quando não houver possibilidade de se indicar a data, deve-se registrar uma data aproximada entre parênteses. Exemplos:

> (1989 ou 1990)   ou   (1981?)

Ou então indicar a década:

> (198 -)   ou   (198 ?).

d) título do livro em itálico, negrito ou sublinhado, conforme o recurso disponível no editor eletrônico,[1] seguido de ponto final;

e) indicações de responsabilidade – Revisão (Rev.), Tradução (Trad.), Crítica (Crít.) etc. – se for o caso, aparecem seguidas de ponto final, mas intercaladas com ponto e vírgula, se houver mais de uma. Essas responsabilidades também podem vir explicitadas por extenso, segundo a NBR 6023;

> DIAS, Gonçalves (1983). *Gonçalves Dias: poesia*. Organização de Manuel Bandeira; revisão crítica de Maximiano de Carvalho e Silva. 11. ed. Rio de Janeiro: Agir. 87 p. Il. 16 cm. (Nossos Clássicos, 18). Bibliografia: p. 77-78. ISBN 85-220-0002-6.

f) edição – seguida de ponto final, na forma do número da edição mais a abreviatura. Indica-se a edição somente a partir da segunda. Veja o exemplo.

> (24. ed.)

g) imprenta – local, seguido de dois pontos, e nome da editora, seguido de ponto final;
h) descrição física – número de páginas

> (128 p.)

ou volumes

> (3 vol.)

se é ilustrado (item opcional)

> (il.)

formato (item opcional)

> (21 cm)

seguidos de ponto final;
i) série ou coleção – entre parênteses, seguido de ponto final;
j) notas especiais – Bibliografia, registro ISBN.

Observe um exemplo completo fornecido na NBR 6023, modificado quanto à datação, e outros exemplos mais simples:

> DIAS, Gonçalves (1983). *Gonçalves Dias: poesia*. Organização de Manuel Bandeira; revisão crítica de Maximiano de Carvalho e Silva. 11. ed. Rio de Janeiro: Agir. 87 p. Il. 16 cm. (Nossos Clássicos, 18). Bibliografia: p. 77-78. ISBN 85-220-0002-6.
> BALÉE, W.; MOORE, D. (1991). *Similarity and Variation in Plant Names in Five Tupi-Guarani Languages*. Bull: Flórida Museum of Natural History, Biological Sciences.
> CÂMARA Jr., J. Mattoso (1970). *Problemas de linguística descritiva*. Rio de Janeiro: Vozes.
> CÂMARA Jr., J. Mattoso (1977, 1985). *Dicionário de linguística e gramática*. Petrópolis: Vozes.

TESE, DISSERTAÇÃO, MONOGRAFIA NO TODO

Diferindo das normas da ABNT apenas com relação à colocação da data, sugiro a seguinte a sequência dos elementos:
a) autor;
b) ano;
c) título;
d) subtítulo se houver;
e) número total de páginas seguido do designativo p.;
f) a palavra Tese, Dissertação ou Monografia conforme o caso;
g) nível e área do curso entre parênteses;
h) nome da instituição ofertante do curso;
i) local.

Exemplo:

> TELES, Iara Maria (1995). *Atualização fonética da proeminência acentual em Baníwa-Hohodene: parâmetros físicos.* 202 p. Tese (Doutorado em Linguística) – Universidade Federal de Santa Catarina, Florianópolis.

Nota sobre capítulo/seção de tese, dissertação, monografia: Após o subtítulo, se houver, inclui-se a expressão "In:" seguida de travessão sublinear (6 espaços). A partir daí, é só seguir o mesmo modelo para a obra como um todo, acrescentando a localização da parte referenciada.

Exemplo:

> TELES, Iara Maria (1995). Os sons em Baníwa-Hohodene. In:_____. *Atualização fonética da proeminência acentual em Baníwa-Hohodene: parâmetros físicos.* p. 23-38. Tese (Doutorado em Linguística) – Universidade Federal de Santa Catarina, Florianópolis.

Referência padrão de artigo publicado em livro ou periódico e capítulo de livro

As normas para referências de artigos e capítulos são basicamente as mesmas das dos livros. O que difere são os elementos componentes.

a) autor do artigo ou capítulo;
b) data da primeira publicação do artigo entre parênteses seguida de ponto;
c) título do artigo ou capítulo em letras minúsculas seguido de ponto e da expressão "In" seguida de dois pontos;
d) não se usa a expressão "In" em artigos inseridos em periódicos;
e) o título do artigo ou capítulo não deve ser colocado entre aspas;
f) quando a parte referenciada for do mesmo autor da obra como um todo, acrescentar um traço correspondente a seis espaços, após a expressão "In:";
g) quando o artigo for inserido em periódicos, após a referenciação do artigo, não é necessário citar o nome do responsável pela revista ou jornal;
h) quando o título do periódico inclui o nome da cidade, é desnecessário repetir o local.

Exemplos:

BENDIX, H. E. (1971). The Data of Semantic Description. In: STEINBERG, D. D.; JAKOBOVITS, L. A. (org.) (1978). *Semantics*. Cambridge: Cambridge University Press.

SILVA, Antônio Severino (1978). Os problemas da alfabetização precoce. In: _____. (1988). *Conversando de Educação*. Florianópolis: Novo Tempo. 212 p.

> MOURA, Alexandrina Sobreira de (1983). Direito de habitação às classes de baixa renda. *Ciência e Trópico*. Ed. Recife, v. 11, p. 71-78, jan.-jun./1985.
> LAMOND, A. I.; EARNSHAW, W. C. Structure and function in the nucleus. *Science (Washington, DC)*, v. 280, n. 5363, p. 547-553, 1998.

Em referências de artigos retirados de periódicos, há outra convenção muito usada que cabe citar aqui. Nela procede-se de forma igual à anterior até o nome do periódico. Daí em diante, segue-se a seguinte ordem:

a) título do periódico seguido de vírgula;
b) número do volume seguido de dois pontos;
d) páginas compreendidas pelo artigo intercaladas por hífen e seguidas de vírgula;
e) data (ou período referente) do periódico, seguida de ponto.

Exemplo:

> MOURA, Alexandrina Sobreira de (1983). Direito de habitação às classes de baixa renda. *Ciência e Trópico*, 11: 71-78, jan.-jun./1985.

Há, ainda, a possibilidade de inserir na referência do periódico a imprenta, mas isso geralmente é feito quando se trata de referência do periódico tomado integralmente.

Atenção: a referência de um periódico que inclui um artigo pode ser diferente da referência de um periódico como um todo, como veremos a seguir.

Referência padrão de periódico

Para fazer a referência de um volume de revista ou jornal inteiro, utilizamos os seguintes elementos:

a) título do periódico em maiúsculas seguido de ponto final;
b) local de publicação seguido de dois pontos;
c) editor seguido de vírgula;
d) ano de publicação do primeiro exemplar e do último, se for o caso, ou indicando-se que a publicação ainda continua por meio de um hífen após a data inicial seguido de ponto;
e) indicação do volume (vol.), número (n.) e data intercalados por vírgula e seguidos de ponto final;
f) número total de páginas seguido de ponto final;
g) indicações especiais, se houver.

Exemplo:

> VEJA. São Paulo: Abril, 1968-. n. 765, 24 jan. 1994. 112 p. Edição Especial.

Referência padrão em nota de rodapé

Não há mais, como antigamente, diferença entre as normas relativas a uma referência normal e as relativas às notas de rodapé. Observe lá no rodapé da página deste livro um exemplo de como fazer essa referência. Digamos que esse exemplo corresponda à nota de rodapé de número 10.[10] Como você pôde observar, trata-se de uma nota comum. Essa unificação é recente nas normas brasileiras e veio para simplificar apresentação do trabalho científico.

Referência de material da internet

Uma modalidade bastante recente de material informativo a ser referenciado é aquele que se consegue nos sites especializados da internet. Há dois tipos básicos de referência a ser adotados.

---

[10] CHOMSKY, Noam (1986). *Knowledge of Language: Its Nature, Origin and Use.* New York: Praeger.

Quando se trata de um material assinado, um livro, uma tese, dissertação ou monografia, um artigo ou comentário, inicia-se a citação do material como de costume (neste caso, o título é sempre em itálico) e, a partir da expressão "In:", altera-se como indicado a seguir:
a) expressão "Disponível em:";
b) endereço eletrônico entre os sinais < >;
c) expressão "Acesso em:";
d) data do acesso (dia, mês abreviado e ano).

Se a citação é dada em páginas internas do site, escreva o endereço eletrônico completo da forma como aparece no navegador de internet. Exemplos:

> CARIA, Piergiorgio. *O caso Urzi: um mistério nos céus da Itália.* [S.I.]: UFO, 2010. Disponível em: <http://www.ufo.com.br/artigos/o-caso-urzi>. Acesso em: 19 ago. 2010.
>
> FILENO, Érico F. *O professor como autor de material para um ambiente virtual de aprendizagem.* Curitiba, PR, 2007. Dissertação de Mestrado – Universidade Federal do Paraná, Paraná. Disponível em: <http://dspace.c3sl.ufpr.br/dspace/bitstream/1884/11563/1/disserta%C3%A7%C3%A3o_%C3%89RICO_FERNANDES_FILENO.pdf>. Acesso em: 20 ago. 2010.
>
> EDUARDO, Antônio. *O Martelo Russo.* Disponível em: <http://www.artefatocultural.com.br/portal/index.php?secao=colunistas_completa&subsecao=20&id_noticia=1012&colunista=Antonio%20Eduardo>. Acesso em: 2 ago. 2010.

Perceba que o editor de textos eletrônico não "divide" o link do documento para translinear, o que deixa a referência difícil de ser lida se o alinhamento for do tipo "justificado". No caso das referências de material da internet, portanto, se esse problema ocorrer, apenas por um aspecto estético é aconselhável deixá-las com alinhamento "à esquerda".

Se o material recolhido não for assinado e não houver qualquer outra referência de autoria, cite apenas o endereço eletrônico em que foi encontrado, como nos exemplos:
a) material encontrado na página inicial: <www.artefatocultural.com.br>.
b) material encontrado em página interna: <www.artefatocultural.com.br/portal/index.php?secao=colunistas>.

O digitador iniciante não deve se espantar se o editor automaticamente sublinhar o endereço eletrônico e mudar sua cor ao completar-se sua digitação. Esse é um procedimento normal dos editores modernos, que criam hiperlinks a partir de endereços eletrônicos digitados, permitindo o acesso automático ao endereço por meio do navegador presente no computador, a partir do próprio texto. Isso é considerado um padrão de editoração e essa aparência de endereço eletrônico é tolerada como uma decorrência da modernidade, não precisando ser modificada.

Vejamos, agora, exemplos de outras fontes documentais que podem ser referenciadas em um trabalho científico. O pesquisador certamente não terá dificuldade de identificar seus elementos formadores.

Referência de mapa

NATIONAL GEOGRAPHIC SOCIETY (2002). *Estados Unidos: Mapa Físico*. Flórida (US): NGS. 1 mapa: color.; 70 x 50 cm. Escala 1:250.000.

No caso de o mapa ter um autor específico (ao invés de ser atribuído a uma instituição responsável, como no exemplo anterior), o nome desse autor é que precederá a referência, nos mesmos moldes de uma referência padrão, isto é, iniciando pelo sobrenome. Vejamos:

NIRKINGANT, Mark (2002). *Estados Unidos: Mapa Físico*. Flórida (US): NGS. 1 mapa: color.; 70 x 50 cm. Escala 1:250.000.

Referência de VHS ou DVD

Exemplos:

O PRÍNCIPE do Egito (1998). Produção de Penney Finkelman; Sandra Rabins. Direção de Brenda Chpaman; Steve Hickner; Simon Whells. Holywood: Dreamworks Pictures. DVD simples (99 min.), son., color.

O SENHOR dos Anéis: A Sociedade do Anel (2002). Produção de Barrie M. Osborne et al. Direção de Peter Jackson. Holywood: Wingnut Films. VHS Duplo (179 min), son., color.

Referência da Bíblia Sagrada

Pode ser considerada no todo ou em parte. Exemplos:

BÍBLIA. Português. (1982). *Bíblia Sagrada*. Tradução: Centro Bíblico Católico. 34. ed. rev. São Paulo: Ave Maria.

BÍBLIA, A. T. II Crônicas. Português. *Bíblia Sagrada*. Tradução: Centro Bíblico Católico. 91. ed. São Paulo: Ave Maria, 1993. Cap. 20, vers. 1-8.

BÍBLIA, A. T. Isaías. Português. *Bíblia Sagrada*. Tradução revista e ampliada de João Ferreira de Almeida. São Paulo: Sociedade Bíblica do Brasil. Cap. 35, vers. 12.

Observação: "A.T." refere-se a Antigo Testamento. Em caso de livro do Novo Testamento, use "N.T."

Referência de CD-ROM

Exemplo:

PEREIRA, João (2003). *Mil receitas brasileiras*. 1. ed. São Paulo: Grupo Editorial Max. Referência ETRG-3256. 1 CD-ROM.

Referência de programa para computador

Exemplo:

PARENTESCO, Pedro Jô (2003). *Sistema Integrado de Controle Escolar*. Programa compatível com Windows 2000 e XP. São Paulo: BIG Informática. Mídia em CD-ROM e manual explicativo impresso.

Referência de entrevista

Exemplo:

BROCA, Marcos. *Histórias da formação de Guajará-Mirim*. Entrevista concedida a Antônio Pergonesse. Guajará-Mirim, out. de 2003. Registro em cassete (90 min) e VHS (60 min).

Quando a entrevista for publicada, mencione o documento em que ela aparece. Exemplo:

FIUZA, R. O ponto-de-lança. *Veja*, São Paulo, n. 1124, 04 abr. 1990. p. 9-13. Entrevista.

Referência de fotografia

Exemplo:

FERRAREZI Jr., Celso (1995). *Cachoeira do Iata com pôr-do-sol.* Impressa, 10x15 cm, preto e branco.

Note que, hoje, as fotografias digitais estão cada vez mais disseminadas. Assim, é possível que a mídia de registro fotográfico não seja em papel, mas em foto-CD ou em memória digital de computadores ou máquinas fotográficas digitais, cartões ou *pen-drives*. Em cada caso, informe a mídia específica que armazena a foto utilizada: em vez de "Impressa", utilizar "foto-CD" ou "registro em memória digital", por exemplo.

Citação padrão para texto

Para fazer uma citação de uma obra qualquer no corpo do texto, isto é, para fazer a "chamada da citação", usa-se o sobrenome do autor em letras minúsculas seguido da data de publicação e de dois pontos e o número da página, estes dados entre parênteses.

Exemplo:

> Com relação à vocalização do ataque da oclusiva tepe, vejamos o que dizem Teles Maeda e Teles (2003: 229):
>> A oclusiva tepe, sendo um segmento extremamente curto e frágil, necessita de um apoio vocálico para ser audível. Quando este segmento se encontra em contexto intervocálico, no interior de palavra, esta exigência já está atendida. Ocorre que, em *oro eo*, há ainda mais dois contextos para a oclusiva tepe: em início de enunciado e após oclusiva e da fricativa bilabial surda [ɸ].

Outra forma de proceder a citação é utilizar apenas o nome do autor no texto e fazer referência à data e à página após a citação, como no exemplo a seguir:

> Com relação à vocalização do ataque da oclusiva tepe, vejamos o que dizem Teles Maeda e Teles:
>> A oclusiva tepe, sendo um segmento extremamente curto e frágil, necessita de um apoio vocálico para ser audível. Quando este segmento se encontra em contexto intervocálico, no interior de palavra, esta exigência já está atendida. Ocorre que, em *oro eo*, há ainda mais dois contextos para a oclusiva tepe: em início de enunciado e após oclusiva e da fricativa bilabial surda [ɸ]. (TELES MAEDA; TELES, 2003, p. 229)

Ou, ainda, a forma:

> Com relação à vocalização do ataque da oclusiva tepe, vejamos o que dizem Teles Maeda e Teles:
>> A oclusiva tepe, sendo um segmento extremamente curto e frágil, necessita de um apoio vocálico para ser audível. Quando este seg-

> mento se encontra em contexto intervocálico, no interior de palavra, esta exigência já está atendida. Ocorre que, em *oro eo*, há ainda mais dois contextos para a oclusiva tepe: em início de enunciado e após oclusiva e da fricativa bilabial surda [ɸ]. (TELES MAEDA; TELES, 2003: 229)

No texto, o sobrenome do autor aparece em *caixa alta* e *baixa* (ou seja, a letra inicial em maiúscula e as demais em minúsculas). Na citação, porém, aparece em letras maiúsculas e entre parênteses.

Referência e citação em nota de rodapé

Em nota de rodapé, a primeira referência de uma obra citada deve ser feita por completo. As demais referências da mesma obra ou de outras obras do mesmo autor devem ser feitas de forma abreviada usando-se expressões latinas. Embora haja outras, vamos observar as expressões "id.", "ibid.", "op. cit.", "cf." e "apud", as mais úteis.

a) Idem ou Id. = igual à anterior.
   Atenção: igual à imediatamente anterior, mas somente com relação ao autor, mudando a obra.

   > [1] CÂMARA JR., Joaquim (1976). *Estrutura da língua portuguesa*. 7. ed. Petrópolis: Vozes.
   > [2] Id. (1976). *Problemas de linguística descritiva*. 8. ed. Petrópolis: Vozes.

b) Ibidem ou Ibid. = na mesma obra.
   Atenção: na mesma obra imediatamente anterior.

   > [1] CÂMARA JR., Joaquim (1976). *Estrutura da língua portuguesa*. 7. ed. Petrópolis: Vozes.
   > [2] Ibid., p. 20

c) Opus citatum, opere citato ou op. cit. = obra citada.
Atenção: só use esta expressão quando uma obra já foi referenciada anteriormente, mas não logo em seguida.

> [1] CÂMARA JR., Joaquim (1976). *Estrutura da língua portuguesa.* 7. ed. Petrópolis: Vozes.
> [2] JOAQUIM, Hênio (1998). *Temas relevantes sobre a traição.* Rio de Janeiro: Mata Hari. 987 p.
> [3] CÂMARA JR., op. cit., p. 20.

d) Cf. = confira, confronte.
Utilizada para recomendar consulta a obras de outros autores ou a notas do mesmo trabalho. Às vezes, o autor trata de um tema para o qual não quer dedicar espaço em citações na obra ou para o qual vale a pena remeter a uma outra referência ou tema correlato.

Isso também vale para as paráfrases de obra, ou seja, quando se reproduz as ideias do autor total ou parcialmente, mas sem fazer citações. Aí, também, devemos fazer uma indicação para conferência.

> [1] Cf. CÂMARA JR., op. cit., p. 20.

e) Apud = citado por, conforme.
Expressão usada quando se faz citação de um autor que foi citado por um segundo autor, ou seja, é utilizada quando não se teve acesso à obra original.
Atenção: na lista de referências, somente a obra consultada é mencionada, isto é, aquela a que se teve acesso; a referência do documento do autor citado deve constar somente em nota de rodapé.

Exemplo no texto:

> Segundo Malmberg (apud CÂMARA JR., 1976),[1] não há equivalência entre as duas emissões nasais. O segundo tipo de nasalidade não funciona para distinguir formas e não é, portanto, de natureza fonológica.

Exemplo no rodapé:

> [1] MALMBERG, Bertil (1963). *Phonetics*. New York: Harper.

Exemplo na lista de referências:

> CÂMARA JR., Joaquim (1976). *Problemas de Linguística Descritiva*. 8. ed. Petrópolis: Vozes.

Observações:

a) As expressões latinas não podem ser usadas no texto (NBR 10520), somente em notas (rodapé ou final de capítulo), exceto a expressão "apud" (ABNT, 2002b).

b) Para inserir uma citação dentro da nota de rodapé, proceda da mesma maneira, excetuado o fato de que a tabulação do texto não será diferenciada, mas a nota toda seguirá a mesma tabulação padrão para notas de rodapé.

Nota

[1] O que não se deve perder de vista é que as normas científicas servem para uniformizar os trabalhos e facilitar a leitura. Assim, ao usar negrito em um título, use em todos igualmente; ao escolher o itálico ou sublinhado, da mesma forma uniformize o uso.

Normas para apresentação de artigos científicos

A maioria das revistas científicas e instituições que promovem congressos exige, para a apresentação de artigos, o cumprimento de normas iguais ou muito semelhantes às descritas a seguir

APRESENTAÇÃO DO TEXTO: Digitado em Word for Windows (ou programa compatível) versão 6.0 ou superior; espaço 1,5 de entrelinhas; recuo de parágrafo de 2 cm; fonte Times New Roman, tamanho 12; papel formato A4; margens: 3 cm superior e esquerda, 2 cm inferior e direita. O número de laudas deve ser de 7 a 15, incluindo gráficos, apêndices e referências.

TÍTULO: acompanhado ou não de subtítulo, deve vir em maiúsculas, centralizado, fonte 14 e em negrito.

AUTOR(ES) E COLABORADOR(ES): o(s) nome(s) devem vir por extenso após o título alinhado(s) à direita, em caixa alta (maiúsculas), com as credenciais indicadas em nota de rodapé.

RESUMO, *RESUMÉ* OU *ABSTRACT*: deve vir logo após a indicação do(s) nome(s) do(s) autor(es) e colaborado(es) contendo, no máximo, duzentas e cinquenta palavras, seguido de palavras-chave, *mots-clés* ou *keywords*, com espaço simples de entrelinhas, sem recuo de parágrafo. O título "Resumo" deve vir em negrito e caixa alta, alinhado à esquerda. O título "Palavras-chave" deve vir em negrito, somente com a inicial maiúscula, alinhado à esquerda.

SUBTÍTULOS: devem vir em negrito, em caixa alta e alinhados à esquerda.

NOTAS: devem vir em pé de página, seguindo as normas aqui apresentadas.

CITAÇÕES E REFERÊNCIAS: devem ser feitas de acordo as normas apresentadas neste livro.

Observe que é necessário primeiro apresentar as informações institucionais e pessoais básicas para, logo em seguida, colocar o resumo e as palavras-chave (e o resumo e as palavras-chave em língua estrangeira) e, depois, o texto científico propriamente dito.

É preciso ter em mente que artigos devem ser escritos com uma preocupação constante de concisão, pois, em geral, são publicados em coletâneas que têm limitação de espaço e de recursos financeiros para sua confecção. Além disso, destinam-se a ser "notícias científicas", portanto, são muito mais breves do que monografias, dissertações ou teses.

Hoje, a internet disponibiliza uma série se portais de periódicos especializados a partir dos quais é possível baixar uma enorme quantidade de artigos de quase todas as áreas da ciência, material atualizado e de primeira linha. Como exemplos desses portais, temos o portal de periódicos da Capes (http://novo.periodicos.capes.gov.br), em que podem ser acessados, via cadastro, milhares de textos completos e, de forma livre, outros tantos. Além desse, o portal Acesso Livre (http://acessolivre.capes.gov.br), também da Capes, permite a qualquer usuário ter acesso a dezenas de milhares de bons textos científicos. Não podemos esquecer que muitas universidades e faculdades mantêm, em seus sites, páginas de divulgação dos trabalhos científicos de seus pesquisadores (professores e alunos). Assim sendo, vale a pena visitar portais como esses e baixar artigos de sua área de interesse. Veja como foram escritos (a linguagem, a estética, a forma de construir o texto) e aprenda com seus conteúdos, antes de começar sua própria empreitada.

Como organizar o conteúdo de seu TCC, dissertação ou tese

Uma das questões mais difíceis na hora de redigir o trabalho final é: como organizar as informações colhidas durante a pesquisa? Isso acontece porque o pesquisador, após os meses ou anos de trabalho, geralmente colhe tantas informações que não sabe bem como hierarquizá-las. E o que, às vezes, pode ser pior: tem medo de descartar dados e informações, pois tudo lhe parece relevante.

Para clarear os caminhos na elaboração do trabalho final, vamos lembrar do segundo capítulo, "A elaboração do projeto", quando estudamos a estrutura do projeto científico. O que ele trazia como essencial? Era isso:

- Quem vai fazer? – Identificação
- O que vai fazer? – Apresentação do tema e do problema
- Por que vai fazer? – Justificativa
- O que alcançar com esse fazer? – Objetivos
- Com que conhecimento vai fazer? – Referencial teórico
- Como vai fazer? – Metodologia
- Quando e onde vai fazer? – Cronograma e localização das ações
- Quanto vai custar esse fazer? – Custeio
- Alguém já fez isso ou algo parecido com isso antes? Existe algum registro disso que me ajuda nesse fazer? – Referências bibliográficas

Preste bem atenção na lista mencionada. Veja que ela pode ser claramente dividida em cinco partes bem distintas:

Dados de identificação da instituição e do autor	Quem vai fazer? – Identificação
Informações sobre o objeto de estudo e o que se pretende fazer com ele	O que vai fazer? – Apresentação do tema e do problema Por que vai fazer? – Justificativa O que alcançar com esse fazer? – Objetivos
Informações sobre as bases teóricas adotadas	Com que conhecimento vai fazer? – Referencial teórico
Informações sobre a pesquisa realizada	Como vai fazer? – Metodologia Quando e onde vai fazer? – Cronograma e localização das ações Quanto vai custar esse fazer? – Custeio
Referências das fontes de informação utilizadas	Alguém já fez isso ou algo parecido com isso antes? Existe algum registro disso que me ajuda nesse fazer? – Referências bibliográficas

Se você pensar que, depois de todo o seu trabalho de pesquisa, vai chegar a alguma conclusão, um desfecho que mostre para que serviu todo o seu esforço e investimento (e é claro que é isso que se deseja), essa conclusão deverá estar presente no documento final. Ela não apareceu no seu projeto científico porque, obviamente, ele apenas indicava o que você pretendia fazer e, portanto, não podia haver "conclusão" ou mesmo previsões muito acuradas. Mas, agora, você já fez a pesquisa e está na fase de redação do relatório final que, necessariamente deve ter uma conclusão. Tomemos o mesmo quadro anterior e pensemos no trabalho terminado, exigindo, portanto, o acréscimo do item "Conclusão". Onde? Certamente ela deve ficar no "final da história".

Os recursos financeiros e o tempo de trabalho já foram gastos, logo, não haverá mais "Cronograma" e "Custeio". (Se você tiver que fazer um relatório de gastos, prestando contas de algum financiamento recebido, ele deverá ser entregue em um documento separado e não deve aparecer no texto do seu artigo, monografia, dissertação ou tese.)

Note que o tempo de verbo das questões agora muda. Vejamos:

Dados de identificação da instituição e do autor	Quem fez? – Identificação
Informações sobre o objeto de estudo e o que se pretende com ele	O que fez? – Apresentação do tema e do problema Por que fez? – Justificativa O que pretendia alcançar com esse fazer? – Objetivos
Informações sobre as bases teóricas adotadas	Com base em que conhecimentos fez o trabalho? – Referencial teórico
Informações sobre a pesquisa realizada	Como fez? – Metodologia Quando e onde fez? – Relatório e localização das ações
Conclusão	(É o que há de novo, o resultado que você alcançou)
Referências dos materiais utilizados	Alguém já fez isso ou algo parecido com isso antes? Existe algum registro disso que me ajudou nesse fazer? – Referências bibliográficas

Nesse quadro, você tem o formato padrão de qualquer bom trabalho de científico, de um artigo a uma tese. A diferença em relação ao formato? Simples: no artigo você apresenta tudo de forma bem resumida e direta; nos outros formatos (monografias, dissertações e teses), você tem mais espaço para apresentar detalhes. Assim:

- No artigo, você terá apenas um cabeçalho de identificação; em uma monografia, dissertação ou tese você dispõe de capa, folha de rosto, local para agradecimentos, epígrafes, ficha catalográfica etc.
- No artigo, o resumo vem logo abaixo do cabeçalho, nos outros trabalhos você deve colocar o resumo em uma folha independente, assim como suas traduções para línguas estrangeiras, quando for o caso.

- Aquilo que é apenas um subtítulo resumido, com um ou dois parágrafos, em um artigo (introdução, subtítulo 1, subtítulo 2 etc.) virará capítulos nas outras formas de relatório e haverá uma introdução mais extensa, como se fosse um "capítulo" inicial, além dos capítulos sobre o referencial teórico, sobre a pesquisa, sobre as conclusões etc. Visto dessa maneira é mais simples, não é? Todos esses documentos científicos seguem uma mesma lógica emanada do projeto científico. A ideia básica é esta:

Dados de identificação da instituição e do autor e elementos pré-textuais	Aqui, de acordo com o tipo de trabalho, você coloca os dados da instituição, os seus, os dados do material produzido quando for o caso (ficha catalográfica), dedicatória e epígrafe (se for o caso) etc. São os elementos pré-textuais apresentados anteriormente.
Informações sobre o objeto de estudo e o que se pretende com ele	Aqui você escreve a introdução de seu trabalho. Nela, faça constar o que você fez, por que você fez e quais eram seus objetivos.
Informações sobre as bases teóricas adotadas	É o primeiro subtítulo ou capítulo. Nele você apresenta a fundamentação teórica do trabalho, uma revisão do que a bibliografia pertinente diz sobre o seu objeto e sobre as teorias que você adotou.
Informações sobre a pesquisa realizada	Aqui você constrói o segundo capítulo ou subtítulo (que pode ser dividido em outros capítulos ou subtítulos, se for necessário): nele(s) você descreve todo o processo de pesquisa, desde o início, passando pela metodologia, pelos dados coletados, pelo tratamento que deu aos dados e pela interpretação conferida a esses dados. Ou seja, essa é a parte mais interessante do trabalho, pois é nela que você conta tudo o que realizou.
Conclusão	Aqui você descreve sucintamente o que descobriu após todo o trabalho de pesquisa.
Referências dos materiais utilizados	Aqui você cita todas as fontes referenciáveis de informação que utilizou.

Em outras palavras, seguindo a mesma sequência lógica usada para escrever o projeto, você redige seu artigo, monografia, dissertação ou tese, deixando seu trabalho escrito formalmente perfeito, fácil de ler e compreender e irrepreensível em sua organização interna. Mas preste atenção: é claro que isso não garante o valor científico do trabalho. O valor científico está no conteúdo. Porém essa formalização permitirá que o valor do que você fez seja mais facilmente reconhecido, pois não haverá nenhum tipo de desordem para atrapalhar seus leitores na busca das informações que você oferece.

Finalmente, se achar necessário, inclua documentos, transcrições de entrevistas, formulários, fotografias e tudo mais que for importante para reforçar o conteúdo que você apresentou. Mas não esqueça: em ciência não se tenta impressionar o leitor pelo tamanho do texto e, muito menos, pela quantidade de anexos, "enrolando", como se diz popularmente. Não adianta engordar seu trabalho com citações ou anexos só para fazer volume. Os anexos estarão lá somente se forem absolutamente necessários, assim como todo o restante do texto, fontes, citações, referências etc.

Agora é sua vez! Mãos à obra e um excelente trabalho!

Bibliografia

ASSOCIAÇÃO BRASILEIRA DE NORMAS TÉCNICAS (2000). *Normas ABNT Sobre Documentação*. Rio de Janeiro: ABNT. (Coletânea de Normas.)

AZEVEDO, I. B. de (2000). *O prazer da produção científica: descubra como é fácil elaborar trabalhos acadêmicos*. 8. ed. São PauloPrazer de Ler.

CERVO, A. L.; BERVIAN, P. A. (1996). *Metodologia científica*. 4. ed. São Paulo: Makron Books.

KURY, A. G. (1980). *Elaboração e editoração de trabalhos de nível universitário: especialmente na área humanística*. Rio de Janeiro: Fundação Casa de Rui Barbosa.

LAKATOS, E. M.; MARCONI, M. de A. (1992). *Metodologia do trabalho científico*. 4. ed. São Paulo: Atlas.

MARCANTONIO, A. T. et al. (1993). *Elaboração e divulgação do trabalho científico*. São Paulo: Atlas.

MULLER, M. S.; CORNELSEN, J. M. (2003). *Normas e padrões para teses, dissertações e monografias*. 5. ed. Londrina: Eduel.

SEVERINO, A. J. (1991). *Metodologia do trabalho científico*. 17. ed. São Paulo: Cortez.

UNIVERSIDADE FEDERAL DO PARANÁ. Instituto Paranaense de desenvolvimento Econômico e Social – IPARDES (2000, 2002). *Normas para apresentação de documentos científicos*. Curitiba: Editora da UFPR.

UNIVERSIDADE FEDERAL DO RIO DE JANEIRO (2004). *Manual para elaboração e normalização de dissertações e teses*. 3 ed. rev. atual. e ampl. Rio de Janeiro: UFRJ Sistema de Bibliotecas e Informação – Sibi.

VIEIRA, S. (1996). *Como escrever uma tese*. 3. ed. São Paulo: Pioneira.

O autor

Celso Ferrarezi Junior possui licenciatura plena em Letras Português-Inglês pela Universidade Federal de Rondônia, é mestre em Linguística-Semântica pela Universidade Estadual de Campinas e doutor na mesma área pela Universidade Federal de Rondônia. Tem pós-doutorado em Semântica pela Universidade Estadual de Campinas. Atualmente, é professor associado da Universidade Federal de Alfenas (MG), cargo que também ocupou na Universidade Federal de Rondônia, e possui experiência na área de Linguística, com ênfase em Semântica, atuando principalmente com os seguintes temas: semântica, educação, alfabetização, descrição e teoria linguística.

CADASTRE-SE
EM NOSSO SITE,
FIQUE POR DENTRO DAS NOVIDADES
E APROVEITE OS MELHORES DESCONTOS

LIVROS NAS ÁREAS DE:

História | Língua Portuguesa
Educação | Geografia | Comunicação
Relações Internacionais | Ciências Sociais
Formação de professor | Interesse geral

ou
editoracontexto.com.br/newscontexto

Siga a Contexto
nas Redes Sociais:
@editoracontexto